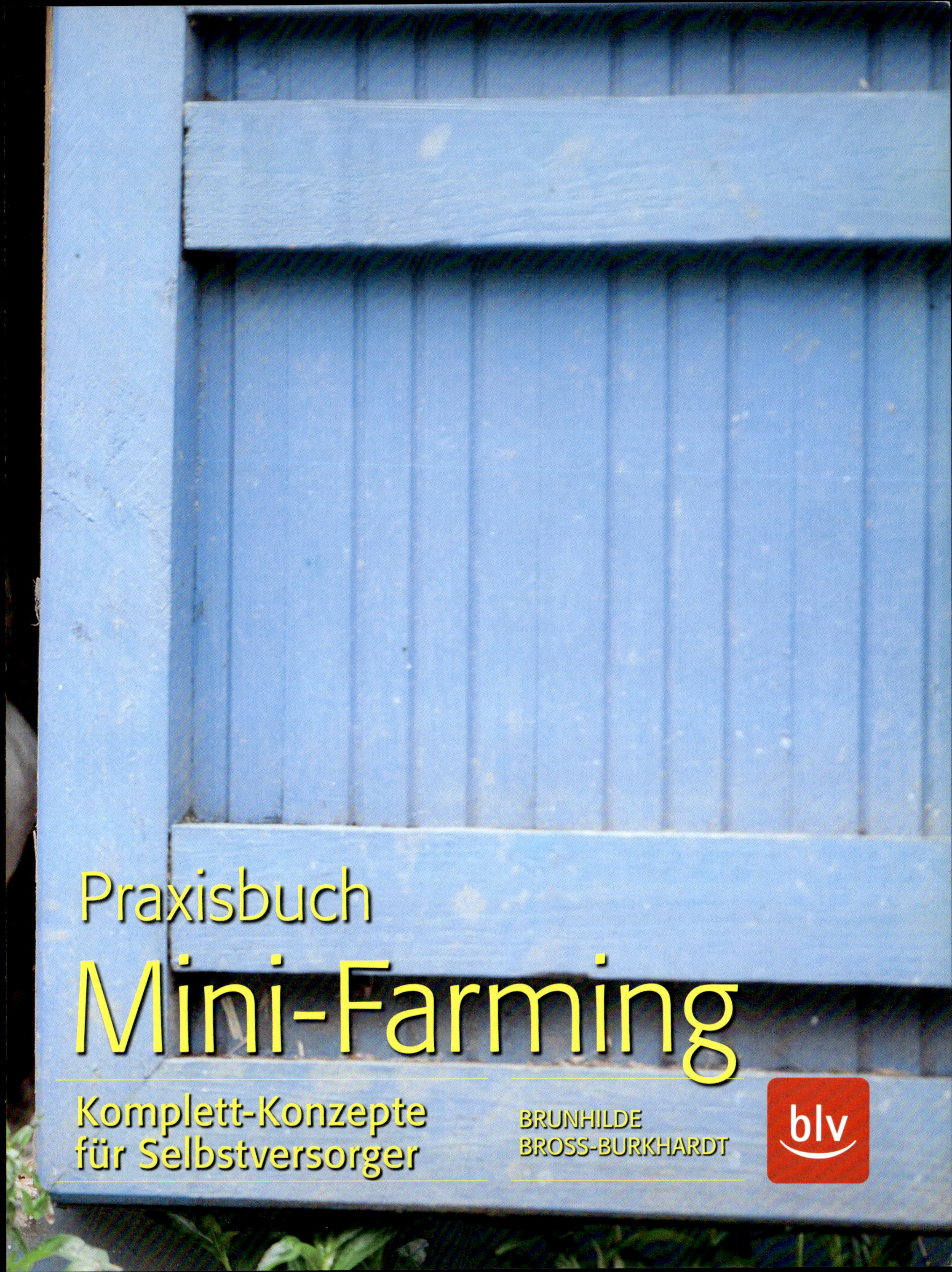

Praxisbuch

Mini-Farming

Komplett-Konzepte für Selbstversorger

BRUNHILDE BROSS-BURKHARDT

blv

Inhalt

Gemüse aus dem eigenen
Garten zu ernten schenkt Lebensfreude.

Der Weg zur eigenen Mini-Farm

Viele Menschen streben heute wieder danach, sich selbst mit Lebensmitteln zu versorgen. Sie wollen autark sein von der Lebensmittelwirtschaft, sie sind experimentierfreudig, sie wollen Kontakt mit der Natur haben oder zusammen mit Gleichgesinnten etwas tun. All diese Wünsche befriedigt ein Garten, ein ganz kleiner wie ein ganz großer.

Bis vor wenigen Generationen war die Beschaffung von Nahrungsmitteln eine zentrale Aufgabe für die Haushalte in einem ländlichen Umfeld. Alle Familienmitglieder beteiligten sich daran: Schließlich war und ist viel Handarbeit beim Anbau, bei der Ernte und Verarbeitung von Obst, Gemüse, Kräutern sowie der Versorgung von Tieren nötig. Und Handarbeit braucht Zeit. Aber das ist nicht alles: Sie beglückt uns und macht das Leben lebenswerter. Denn der Umgang mit den Kulturpflanzen schenkt uns viel sinnliches Erleben – beim Wühlen in der Erde, beim Befühlen von Blättern und Früchten, beim Riechen und Schmecken. Und die Freude und Zufriedenheit, wenn sich der Erntekorb mit Wohlschmeckendem füllt – für dieses Geschenk der Natur müssen wir dankbar sein!

In diesem Buch finden Sie Beispiele, mit deren Hilfe Sie ein Grundstück zur Teilselbstversorgung umfunktionieren können. Eine vollständige Selbstversorgung lässt sich kaum erreichen, auch auf einem vielfältig bewirtschafteten Bauernhof nicht. Die Beispiele greifen häufig gegebene Grundstückssituationen und verschiedene Lebenssituationen auf – individuell und gemeinschaftlich, auf dem Land und in der Stadt.

Für den Anfang empfehle ich, sich nicht zu viel vorzunehmen, sondern mit wenigen Kulturen und auf eher kleiner Fläche zu starten. Ein grobes Gesamtkonzept für die Einteilung des Gartens oder der kleinen Farm ist sehr hilfreich, der Anspruch sollte es aber nicht sein, alles auf einmal und perfekt umzusetzen, sondern sich allmählich mit den Kulturen und Abläufen vertraut zu machen. Dann bleibt Ihnen die Freude am Umgang mit Pflanzen und Tieren auch erhalten. Aussaat-, Pflanz- und Erntetermine samt Lager- und Vorratshaltung müssen in Fleisch und Blut übergehen und erst Teil des Alltagslebens werden. Das in diesem Buch vorgestellte Modulsystem ermöglicht Ihnen einen allmählichen Zugang zum eigenen Nutzgarten und zur ganz individuellen Mini-Farm.

Ihre
Brunhilde Bross-Burkhardt

Schritt für Schritt zur Mini-Farm

Ein Stück Land zu bewirtschaften ist der Herzenswunsch vieler Menschen. Das Bedürfnis, der Natur nahe zu sein, den Pflanzen beim Wachsen zuzusehen, sich zu freuen, wenn die Erdbeeren und die Äpfel reifen … Es ist die geheime Sehnsucht nach dem Paradies, die sich so ausdrückt.

Die wichtigsten Vorüberlegungen

Mini-Farmer wollen sich möglichst weitgehend selbst versorgen. Den einfachsten Einstieg bietet der Kartoffel-, Gemüse- und Kräuteranbau, weil hier schnell neue Ideen umgesetzt werden können. Bei den Obstkulturen muss längerfristig geplant werden. Besonders gute Vorbereitung ist für die Nutztierhaltung nötig. Da sollten Sie sich vor dem Start den nötigen Sachverstand aneignen und sich dessen bewusst sein, dass die Tierhaltung den Tagesablauf bestimmen wird.

Selbstversorgung mit Gemüse, Kräutern und Obst

Die angestrebte Selbstversorgung gelingt gut, wenn Sie die Anbaufläche den eigenen Bedürfnissen entsprechend einteilen und die Abläufe, die Aussaat-, Pflege- und Erntetermine gut in Ihr Alltagsleben integrieren. Dementsprechend werden Anbautermine so gelegt, dass in Zeiten längerer Abwesenheit keine intensiven Pflegearbeiten nötig sind oder keine Ernte ansteht. Schließlich wollen Selbstversorger die reifen Früchte und knackig frischen Gemüse ernten und nicht verkommen lassen. Das Ziel ist es, alles Obst und Gemüse zu verwerten, also frisch zu verbrauchen oder zu konservieren.

Kleine Beete lassen sich am besten für Salate, Radieschen und anderes feine Gemüse wie Erbsen und Buschbohnen sowie für Küchenkräuter nutzen. Auf größeren Beeten oder Ackerstreifen können Sie die ganze Palette an Feldkulturen und robustem Gemüse kultivieren, also Kartoffeln, Kürbis, Mais, Kohlgemüse, Zwiebeln, Lauch und Möhren. Zudem kann hier mit weniger bekannten Arten und Sorten experimentiert werden, beispielsweise mit Erdbeerspinat oder Haferwurzel. Der Zeitaufwand zum Bewirtschaften größerer Flächen ist nicht viel größer als bei kleinen Flächen, weil bei größeren Flächen einfach rationeller gearbeitet werden kann.

Noch mehr Möglichkeiten bieten sich mit einem Frühbeet oder Kleingewächshaus. So lässt sich die Anbausaison für Gemüse und Kräuter um Wochen

LINKS: Mit dem Anbau von Kartoffeln gelingt der Einstieg in die Selbstversorgung leicht.

oder Monate verlängern. Auf diese Weise ist der Nutzpflanzenanbau auch in kühlen Regionen und in Gebirgslagen möglich. Ein einfaches Tomatenhaus gibt Tomaten den nötigen Klimaschutz.

Die Obstgehölze – Baum- und Strauchobstarten und -sorten – sollten sehr sorgfältig den eigenen Bedürfnissen entsprechend ausgewählt werden, denn die Pflanzen sind teuer und bringen erst nach ein paar Jahren vollen Ertrag. Wenn man sich noch nicht sicher ist, was man anbauen soll, empfehle ich, lieber noch bis zur nächsten Pflanzperiode zu warten und die freie Fläche in der Zwischenzeit mit kurzlebigen Kulturen einzusäen oder zu bepflanzen.

Platzbedarf für die Selbstversorgung

Von 20 bis 25 Quadratmeter Beetfläche (das entspricht etwa zwei Gemüse-Modul-Einheiten) kann sich eine Person schon weitgehend mit Gemüse, Kräutern und Beerenobst versorgen. Wenn auch Baumobst dabei sein soll, sollten es mindestens 40 Quadratmeter pro Person sein.

Für die Nutztierhaltung ist mehr Platz erforderlich. Hühner, Enten und Gänse brauchen mehrere hundert Quadratmeter Auslauffläche, Schafe noch mehr. Nur die Bienen brauchen keinen Extraplatz.

Die Vertikale nutzen!
Wandspaliere ermöglichen Obsternte von kleiner Fläche.

Das Gelände in eine Mini-Farm umwandeln

Im Prinzip lässt sich jedes Grundstück in eine Mini-Farm mit einer kleinen (Teil-)Selbstversorgerwirtschaft umwandeln. Besonnung, Hangneigung und Bodenverhältnisse bestimmen die Planung.

Sonnige Plätze für Nutzpflanzen reservieren

Die Belichtung ist der wichtigste Faktor bei der genauen Ausgestaltung des Geländes. Die meisten Nutzpflanzen gedeihen nur bei voller Besonnung gut. Planen Sie deshalb für Gemüse und Feldfrüchte die Fläche auf Ihrem Grundstück ein, die im Tagesverlauf das meiste Licht bekommt. Auf eingewachsenen Hausgrundstücken sind solche Flächen auf der Südseite von Gebäuden knapp. Da kann es sinnvoll sein, ein Rosen- oder Staudenbeet in Gemüseland umzuwandeln. Günstig ist es zudem, wenn die Gemüsereihen in Nord-Süd-Richtung verlaufen, sodass alle Reihen gleichmäßig von der Sonne beschienen werden. In den Beispielsplänen in diesem Buch sind die Gemüse- und Obst-Module so platziert, dass sie gut belichtet sind. Achten Sie deshalb auf die bei den Plänen eingezeichnete Himmelsrichtung.

Nicht nur Gebäude, sondern auch Gehölze werfen Schatten auf Gartenflächen. Bei Gartenneuanlagen muss dies bedacht werden – es dürfen keine Obstbäume oder hohe Ziersträucher in die Nähe der Gemüse oder der Beerenobststräucher gesetzt werden. In älteren Gärten kann es nötig sein, hohe Gehölze, die Schatten werfen, zu fällen. Begrenzungshecken und Sichtschutzzäune sollten genügend Abstand zu den Anbauflächen haben. Das gilt auch für Anbauflächen in Nachbargärten. Diese sollten nicht durch Schattenwurf von Gehölzen beeinträchtigt werden. Aus gutem Grund regelt das Nachbarrecht die Grenzabstände von Gehölzen.

Halbschattige und schattige Ecken lassen sich trotzdem gut nutzen: Sie sind ideal für den Kompostplatz, für Kleintierställe und den Schuppen zum Unterstellen der Gartengeräte. Halbschattenplätze lassen sich mit Zierstauden und Ziergehölzen sehr abwechslungsreich gestalten. Wege- und Grünflächen sind schließlich auch noch nötig.

Gefälle ausgleichen

Im Optimalfall ist Ihre Gartenfläche eben oder hat nur ein kleines Gefälle. So lässt sie sich am besten bewirtschaften, der Boden nimmt das Wasser am besten auf und die Erde wird nicht abgeschwemmt. Stark geneigtes Gelände muss für den Nutzpflanzenanbau terrassiert werden, sodass eine ebene Fläche entsteht. Die dafür nötige Stützmauer bietet zudem guten Windschutz – an den nach Süden ausgerichteten Mauern gedeihen wärmeliebende Kräuter und Obstgehölze hervorragend.

Neuanlage auf Mutterboden

Auf einem Neubaugrundstück wird für den Gemüsegarten und den Nutzgarten häufig lockerer »Mutterboden« von anderswo aufgeschüttet, wenn auf dem Grundstück nicht genügend fruchtbare Bodenkrume vorhanden ist. In die frisch ausgebrachte Erde kann noch nicht gleich gesät und gepflanzt werden. Der Mutterboden muss sich erst setzen und vorbereitet werden. Es hat sich bewährt, zunächst einmal auf der ganzen Fläche Gründüngung (beispielsweise Gelbsenf, Ölrettich oder *Phacelia*) einzusäen oder Kartoffeln zu pflanzen.

Wiese oder Rasen umbrechen

Oder wollen Sie eine Wiese oder ein Rasenstück in Gartenland umwandeln? Dann nehmen Sie bei

Um den Boden dreht sich alles:
Beim Gemüse säen, pflanzen oder stecken.

kleiner Fläche den Spaten und graben um. Bei größeren Flächen ist der Einsatz einer Gartenfräse oder eines kleinen Pflugs (kann ausgeliehen werden) sinnvoll. Nach dem Wiesenumbruch müssen die Grassoden zunächst einige Monate lang an Ort und Stelle verrotten. Danach sollten Sie noch eine Gründüngung einsäen, um den Boden optimal fürs Säen oder Pflanzen vorzubereiten.

Eine elegante Möglichkeit, eine Wiese oder einen Rasen in Gartenland umzuwandeln, ist das Auflegen von lichtundurchlässigem Mulchvlies oder Folie. Bei monatelanger Bedeckung verrotten Gräser und Kräuter, bis schließlich ein wunderbar krümeliger, feuchter und gut zu bearbeitender Boden zum Vorschein kommt.

Mit Unkräutern umgehen

Beim Herrichten der Beete bleibt Unkraut in der Praxis nicht aus – häufig hat man es mit einjährigen Samenunkräutern oder mit Wurzelunkräutern zu tun. Gerade in vielen älteren Gärten ist die Unkrautbekämpfung oft eine zeitraubende Tätigkeit. Dem sollten Sie unbedingt durch gründliche Bodenvorbereitung vorgebeugen. Wurzelunkräuter wie Giersch und Acker-Winde sowie das Wurzelungras Quecke sollten sorgfältig durch gründliches und wiederholtes Jäten beseitigt werden, bevor die Beete einteilt und bepflanzt werden, sonst hat man in den Folgejahren sehr viel Arbeit. Auch im Falle starker Verunkrautung kann das flächendeckende Auflegen von lichtundurchlässigem Vlies oder Folie sinnvoll sein. Das Vlies sollte dann mindestens ein Jahr ausgelegt bleiben.

Für die Gründüngung eignen sich etwa Weidelgras (o. li.), Senf (o. re.), Phazelie (u. li.) oder Futterwicke (u. re.).

Fläche nach dem Modul-System einteilen

Erst nach der gründlichen Bodenvorbereitung und Unkrautregulierung werden die Flächen eingeteilt und die baulichen Elemente abgesteckt. Das in diesem Buch vorgestellte Modul-System ist ein Hilfsmittel für die Planung und Einteilung. Sie können die auf den folgenden Seiten vorgestellten Module, die die Grundelemente eines Nutzgartens mit Kleintierhaltung darstellen, auf dem Plan hin und her rücken, bis Sie eine befriedigende Lösung gefunden haben. Achten Sie dabei auch auf die Grenzabstände und die nötigen Abstandsflächen innerhalb des Gartens. Werden vier Gemüse- oder Feld-Module im Karree kombiniert, bekommt man eine Anlage im Stil der alten Bauerngärten mit kreuzförmigem Wegegrundriss.

Bei der Flächeneinteilung sollten Sie sich auch Gedanken über die Wegeführung und -gestaltung machen. Häufig begangene Wege sollten breit genug sein (mindestens einen Meter breit) und mit Platten belegt werden. In etwas abgelegeneren Gartenteilen können die Wege schmaler sein. Hier ist ein Wegebelag aus Rindenmulch günstig. Im Gemüseland genügen Trittwege.

Hochbeete für schwierige Standorte

Hochbeete erfreuen sich großer Beliebtheit, weil sich auf ihnen rückenschonend arbeiten lässt. Hochbeete ermöglichen es zudem, auf Grundstücken, die eigentlich nicht dafür geeignet sind, Kulturpflanzen anzubauen, beispielsweise auf einer asphaltierten Hoffläche oder auf einem belasteten Untergrund in der Stadt. Die Hochbeete sollten so hoch und breit sein, dass Sie gut an ihnen arbeiten können. Die Höhe richtet sich auch danach, wie viel Füllmaterial beschafft werden kann. Die Länge kann beliebig sein.

Hochbeete haben eine Doppelfunktion: Sie können bepflanzt und zudem als Sammelbehälter für organisches Material aus dem Garten und damit als eine Art Kompostbehälter genutzt werden. In diesem Fall sollten mehrere Hochbeete aufgebaut und reihum auf diese Weise genutzt werden. Dabei legt man zuunterst grobes Material – Äste, Laub, Staudenschnitt – ein. Darauf wird eine dicke Lage halb verrottetes Material geschüttet und zuoberst feine Komposterde, vermischt mit feinkrümeliger Gartenerde, oder Pflanzsubstrat aus dem Handel gefüllt.

Anbau von Nutzpflanzen in Gefäßen

Nutzpflanzen gedeihen bei guter und regelmäßiger Pflege auch in Töpfen und Kästen. So können auch auf Terrassen und Balkonen Kräuter, Gemüse und kleine Obstgehölze herangezogen werden. Wichtig ist, dass die Pflanzen genügend Raum zum Wurzeln haben sowie ausreichend Dünger und gleichmäßig viel Feuchtigkeit bekommen. Das Füllmaterial muss Wasser gut speichern, um es langsam an die Kulturpflanzen abzugeben. Zu unterscheiden ist zwischen Saisonbepflanzung mit einjährigen Kulturen und Dauerkulturen.

- Klassische Kübelpflanzen mit Überwinterung an einem kühlem Platz im Haus: Feige, Lorbeer, Rosmarin, Zitronen-Verbene und Zitruspflanzen.
- Obstgehölze und ausdauernde Kräuterpflanzen mit Überwinterung im Freien: Beerenobststräucher, Zwerggehölze, Säulenobst und einige frostharte Kräuterstauden und Kräuterhalbsträucher wie Lavendel oder Gartensalbei.
- Saisonbepflanzung von Kübeln, Kästen, Säcken und Kisten: Kartoffeln, Tomaten und Paprika sowie einjährige Küchenkräuter.

Die Module

Die hier vorgestellten Module stehen für die wichtigsten Grundelemente eines Nutzgartens oder einer Mini-Farm (siehe Beispiele im 2. Teil des Buches). Sie stellen stilisiert Gemüse- und Kräuterbeete, Obstkulturen, Feldkulturen sowie kleine Bauten für den Nutzpflanzenanbau und die Tierhaltung vor.

1 Modul Gemüse: Ein Gemüsemodul nimmt eine Fläche von 2,5 x 4 m = 10 m^2 ein. Die Fläche ist so bemessen, dass sich das Modul nochmals in drei Beete von je etwa 1,2 m Breite und 2,5 m Länge unterteilen lässt, jeweils mit schmalen Trittwegen dazwischen. Eine solche Beetgröße entspricht der gärtnerischen Praxis. Bei einer Beetbreite von 1,2 m lässt sich die Mitte des Beetes bequem von den Trittwegen aus erreichen, ohne die Erde betreten zu müssen.

2 Modul Kräuter: Kräuter müssen zum Ernten gut zugänglich sein. Sie stehen am besten auf einer schmalen, 1 m breiten Rabatte. Auf einem Beet von 1 m Tiefe und 2 m Breite finden ein oder zwei großwüchsige Kräuter oder etwa vier kleinere Kräuterstauden oder -gehölze Platz.

3 Modul Beeren: Beerensträucher brauchen nicht viel Platz. Für zwei Sträucher bzw. zwei Hochstämmchen von Johannisbeeren, Stachelbeeren oder Heidelbeeren genügt eine Fläche von 1 x 2 m.

3a Modul Beerenobst an Gerüst: Himbeeren und Brombeeren wachsen an Stützgerüsten, die von beiden Seiten zugänglich sein sollten. Eine Brombeerpflanze benötigt die gleiche Grundfläche wie zwei Beerensträucher. Himbeeren werden enger gepflanzt, etwa im Abstand von 30 cm, also haben etwa 6–8 Pflanzen auf einem Beerenmodul Platz.

4 Modul Obst (groß)/Obst (klein): Obstgehölze werden je nach Art, Unterlage und Erziehungsform unterschiedlich groß und nehmen eine unterschiedliche Grundfläche ein. Für einen kleinen Obstbaum auf Halbstamm wird eine Grundfläche von 3 x 3 m angenommen, für einen Spindelbusch, der auch in sehr kleine Gärten passt, eine Grundfläche von 2 x 2 m.

5 Modul Spalierobst (Wandspalier): Spalierobst wird an einer Gebäudefassade oder an einer Mauer hochgeleitet. Für ein Spaliergehölz – Birne, Apfel, Weinrebe, Kiwi – reicht eine Grundfläche von 0,5 x 2 m.

5a Säulenobst: Ein Säulenobstbäumchen braucht nur eine Grundfläche von 0,5 x 0,5 m. Auf einer Rabatte von 0,5 x 2 m haben also 4 Bäumchen Platz.

6 Modul Feld: Feldkulturen werden auf der gesamten Beetfläche ohne Zwischenwege angebaut. Ein Feldmodul hat die gleichen Abmessungen wie ein Gemüsemodul, 2,5 x 4 m. So kann es leicht in die Fruchtfolge mit Gemüse einbezogen werden. Wenn viel Platz zur Verfügung steht, lässt sich das Feld-Modul beliebig vergrößern.

7 Modul Gewächshaus: Das Gewächshaus-Modul ist etwa 2,5 x 4 m groß (die Maße der verschiedenen Fabrikate können davon abweichen). Im Gewächshaus aus Folie, Stegdoppelplatten oder Glas werden hauptsächlich wärmeliebende Kulturen wie Tomaten, Gurken und Paprika kultiviert.

8 Tomatenhaus: Ein Tomatenhaus bietet den empfindlichen Tomatenpflanzen vor allem von oben und von der Wetterseite Schutz. Nach Süden zur Sonne hin ist es offen. Die leichte, abbaubare Konstruktion aus Folie und Stützelementen hat eine Grundfläche von ca. 0,6 x 2 m.

1

2

3

3a

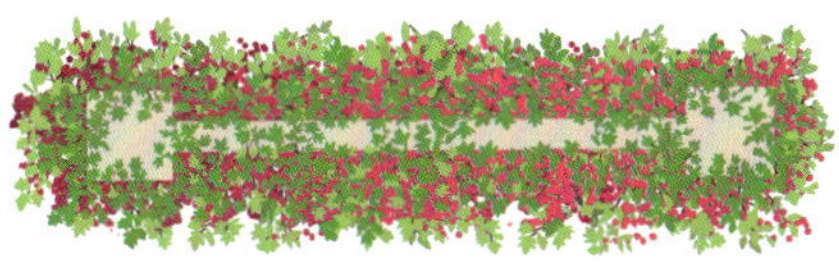

4

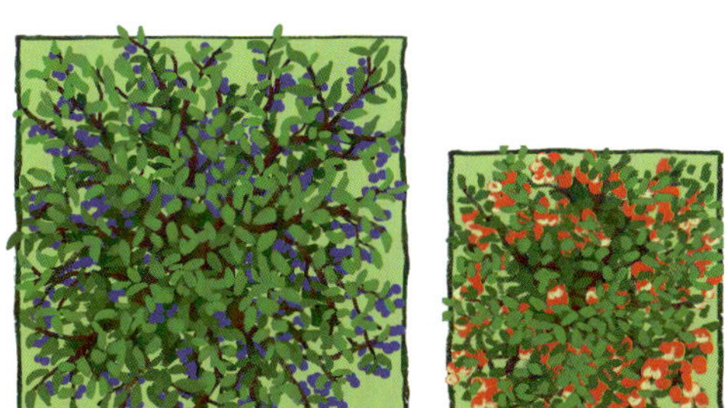

5

5a

6

7

8

9 Modul Hochbeet: Mithilfe von Hochbeeten lässt sich auch auf befestigtem Untergrund Gemüse anbauen. Die meist mobilen Konstruktionen mit dem Maß von ca. 1 x 2–2,5 m aus Holz, Kunststoff oder Metall werden mit organischen Abfällen aus Garten und Haus und mit Komposterde befüllt. Die Verrottungswärme kommt wärmeliebenden Gemüsen zugute. So erfüllt ein Hochbeet bei richtiger Befüllung auch die Funktion eines Frühbeets.

10 Modul Pflanzgefäß: Mit Pflanzgefäßen ist man noch flexibler. Einige Kräuter, Gemüse und Obstgehölze gedeihen dauerhaft in Pflanzgefäßen, wenn für stets ausreichende Bewässerung und entsprechenden Winterschutz gesorgt wird. Das Grundmaß ist 0,5 x 0,5 m.

11 Modul Kompost: Die Fläche für den Kompostplatz soll großzügig bemessen sein. Günstig sind zwei Behälter von etwa 1 x 1 m Größe, die abwechselnd befüllt werden. Um die Behälter herum sollte Platz zum Hantieren mit Schubkarre, Schaufel und Grabegabel sein.

12 Modul Bienenstock: Bienenkästen (= Bienenbeuten) sind mobil. Sie brauchen lediglich ein Podest. Eine Zanderbeute braucht eine Grundfläche von etwa 1 m^2. Für eine kleine Bienenhaltung sind mindestens 3 oder 4 Bienenstöcke nötig.

13 Modul Kaninchen: Kaninchen oder Stallhasen werden oft in übereinander- und nebeneinanderliegenden Boxen von etwa 1 x 1 m Grundfläche gehalten. Für 6 Kaninchen wird eine Grundfläche (Stall mit Vorplatz) von 2 x 2 m = 4 m^2 benötigt. Viel wohler fühlen sich die Kaninchen jedoch, wenn sie sich frei in einem großzügigen Gehege oder frei im Garten bewegen können.

14 Modul Hühnerhaltung: Freilaufende Hühner brauchen nur eine kleine Stallfläche. Für 4 Hühner reicht eine Stallfläche von 1 m^2 in einem mobilen Hühnerhaus. Das eingezäunte Gehege sollte mindestens 4,5 x 6 m messen. Der Hühnerauslauf sollte unterteilt werden können, sodass die beiden Teile abwechselnd belegt werden können. Die Hühner fühlen sich wohler, wenn sie auf einer größeren Fläche frei herumlaufen, scharren und picken können.

15 Modul Laufenten: Ein Laufentenpaar braucht etwa 300 m^2 Freilauffläche. Das Modul ist im Beispielsgarten auf S. 106 stilisiert dargestellt. In der realen Gartensituation brauchen die Tiere mehr Auslauffläche.

16 Modul Gänse: Ein Gänsepaar sollte mindestens 500 m^2 Auslauffläche haben. Der Gänsestall selbst braucht nur wenige Quadratmeter groß zu sein.

17 Modul Schaf: Schafe brauchen eine nicht zu knapp bemessene Weidefläche. Die Extensivrassen Kamerunschaf und Dorperschaf sind an Kälte und Trockenheit angepasst. Ihnen genügt ein unbeheizter Stall.

18 Modul Wasserbehälter: Wasserbehälter stehen, wo es möglich ist, an den Regenfallrohren und fassen das Regenwasser. Runde oder viereckige Tonnen können hintereinandergestellt und durch Überläufe miteinander verbunden werden. Mit der Installation von handelsüblichen Regenwassersystemen ist es möglich, fast ohne Leitungswasser auszukommen.

Weitere Module: Zusätzlich beinhalten die Zeichnungen der zwanzig Beispielsgärten ab S. 38. Module mit Gebäudeflächen, Wege- und Freiflächen, Heckenstreifen, Wiesen- bzw. Rasenflächen, Rabatten mit Sommerblumen und Stauden und Ziersträuchern, die nicht gesondert beschrieben sind. Mit den vorgestellten Modulen lassen sich Nutzgärten gestalten. Passen Sie die Module wie Legosteine in Ihre vorgegebene Grundstückssituation ein. Spielen Sie mit den Möglichkeiten! Lassen Sie sich inspirieren zu einer Ihren Vorstellungen und Bedürfnissen angepassten Lösung.

9

10

11
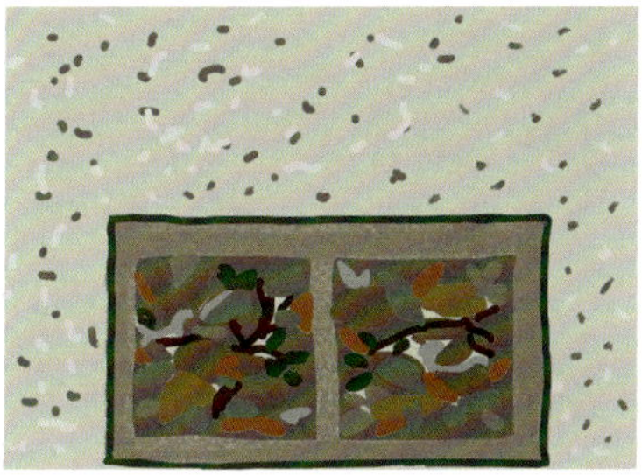

12

13

14

15

16

17

18

Gemüse-Module bestellen

Ohne Gemüse geht es auf der Mini-Farm nicht. Wählen Sie nach Ihren persönlichen Vorlieben aus der großen Zahl der Blattgemüse, Wurzelgemüse und Fruchtgemüse aus.

Beete herrichten

Am übersichtlichsten lässt sich Gemüse auf 1,2 Meter breiten Beeten anbauen (siehe Gemüse-Module in den Plänen). Bei einem Reihenabstand von 30 bis 50 Zentimetern haben hier drei bis vier Reihen Gemüse Platz. Hochbeete sind meist etwas schmaler. Beim Mischkulturanbau stehen verschiedene Gemüsearten in Reihen nebeneinander oder abwechselnd in der Reihe. Die Beete werden mit dem Rechen eingeebnet, sodass ein feines, möglichst krümeliges Saat- oder Pflanzbett entsteht. Entlang einer Pflanzschnur werden mit dem Rechenrücken oder -stiel Saatrillen gezogen.

Gemüse säen oder pflanzen

Wurzelgemüse wie Gelbe Rüben, Pastinaken, Rettiche oder Rote Bete wird immer direkt in die Rille gesät.

Vielerlei Gemüse

Blattgemüse: Blumenkohl, Brokkoli, Endividensalat, Kohl (Blaukohl, Grünkohl, Weißkohl, Rosenkohl), Kohlrabi, Kopfsalat, Mangold, Pflücksalat, Radicchio, Wilde Rauke, Rucola, Spinat, Wirsing, Zuckerhutsalat
Wurzelgemüse: Möhre, Pastinake, Radieschen, Rettich, Rote Bete, Wurzelpetersilie
Fruchtgemüse: Aubergine, Erbse, Feuerbohne, Garten-Bohne, Gurke, Kürbis, Paprika, Tomate, Zucchini

Beim Säen aus der Hand oder aus der Samentüte braucht es Fingerspitzengefühl, damit nicht zu viele oder zu wenige Samenkörner in die Saatrille fallen. Die Samen anschließend mit dem Rechenrücken in der Rille festdrücken und mit feinkrümeliger Erde zuziehen. Bei trockenem Wetter die Saaten sehr vorsichtig angießen, sodass die Samen nicht verschwemmt werden. Zu dicht stehende Pflänzchen werden nach dem Auflaufen herausgezupft. Direkt gesät werden auch Blattgemüse wie Mangold, Spinat, Feldsalat und Schnittsalate sowie Buschbohnen und Erbsen.

Andere Gemüsearten, wie etwa der erste Satz Kopfsalat oder Kohlrabi im Frühbeet oder unter Folie, werden am besten gepflanzt, das heißt, Sie besorgen sich die Jungpflanzen beim Gärtner. Für spätere Pflanzungen können die Salate und Blattgemüse auch selbst unter Glas oder Folie herangezogen werden. Von Kohlgemüse, von dem Sie jeweils nur wenige Pflanzen brauchen, kaufen Sie die Jungpflanzen ebenfalls am besten beim Gärtner. Wärmebedürftige Fruchtgemüse wie Tomaten, Paprika und Auberginen müssen immer im Haus vorgezogen (Aussaat Ende Februar bis Mitte März) und die gut entwickelten Jungpflanzen erst nach den Eisheiligen Mitte Mai ins Freiland gepflanzt werden. Dazu die Gemüsepflanzen gut in einem zuvor ausgehobenen Pflanzloch festdrücken und in den Wurzelraum angießen.

Die Abfolge übers Jahr

Die verschiedenen Gemüsearten beanspruchen den Platz auf dem Beet unterschiedlich lange – von wenigen Wochen bis zu fast einem Jahr. Für die Planung sollten Sie sich deshalb mit den Anbauzeiträumen vertraut machen, die je nach Art und Sorte stark variieren können. Meist findet sich diese Angabe auf der Rückseite der Samentüten. Schnellwüchsige Gemüse wie

LINKS: Ein dekorativer Schmetterlingsblütler: Erbsen dürfen auf der Mini-Farm nicht fehlen.

RECHTS: Dill hinter Grünkohl: Das einjährige Würzkraut lockt Nützlinge in den Garten.

Salate und früh gepflanzter Kohlrabi räumen nach wenigen Wochen den Platz, sodass eine zweite Kultur folgen kann. Danach ist noch Zeit für Saat oder Pflanzung von Buschbohnen, Grünkohl, Lagerrettich, Endiviensalat und Zuckerhutsalat. Bei Tomaten, Gurken, Zucchini und Stangenbohnen, die erst im Lauf des Sommers den Platz ganz für sich beanspruchen, ist im Frühjahr eine Vorkultur mit schnell wachsendem Spinat oder Salat angebracht. Bei Gemüsearten, die im August geerntet werden, bleibt noch Zeit für eine Nachkultur von Feldsalat oder Spinat. Andere Gemüse wie beispielsweise Lagermöhren oder Kopfkohl zum Einlagern beanspruchen dagegen die ganze Saison vom späten Frühjahr bis zum Spätherbst oder in den Winter hinein ihren Platz.

Gemüse im Winter

Wer sich auch im Winter selbst versorgen will, nimmt Überwinterungsgemüse in den Anbauplan auf: Das sind die frostharten Gemüsearten Lauch, Rosenkohl und Grünkohl sowie Feldsalat. Zichoriensalate wie Endiviensalat, Radicchio oder Zuckerhutsalat vertragen ebenfalls ein paar Frostgrade. Sie sichern die Versorgung mit frischem Salat etwa bis zur Weihnachtszeit. Zudem gibt es von einigen Sommergemüse-Arten spezielle frostharte Sorten für den Überwinterungsanbau, sodass Sie sehr früh im Jahr Kopfsalat, Spinat, Zwiebeln, Knoblauch oder Wirsing ernten können. Durch Abdecken mit Vlies und Folie oder durch Anbringen eines Folientunnels lässt sich die Anbauphase im Frühjahr bzw. Herbst um Wochen oder Monate verlängern.

Arten fürs Gewächshaus

Einige Gemüsearten entwickeln sich nur bei Wärme optimal. Tomaten, Paprika, Peperoni und Auberginen sowie Schlangengurken sind typische Gewächshauskulturen. Die frühen Saaten von Kopf- und Pflücksalat sowie von Spinat und Radieschen entwickeln sich im Gewächshaus ebenfalls schneller als im Freiland. Im Herbst und Winter lässt sich die Gewächshausfläche gut für Feldsalat oder Winterpostelein nutzen.

Obstgehölze für die Mini-Farm

Obstgehölze sind ebenfalls Grundbestand eines Gartens oder einer kleinen Farm. Sie liefern köstliche Früchte zum Frischessen oder zum Einlagern und Konservieren. Baumschulen unterscheiden zwischen Kernobst, Steinobst, Schalenobst und Beerensträuchern. Obstbäume haben einen Stamm, Sträucher bestehen aus mehreren vom Boden ausgehenden Ästen. Manche Arten klettern und bekleiden Wandspaliere oder frei stehende Gerüste.

Unkompliziertes Beerenobst

Beerenobststräucher haben viele Vorzüge: Sie sind leicht zu kultivieren, finden in jedem noch so kleinen Garten Platz und bringen schon im Pflanzjahr eine kleine Ernte. Die Fruchternte weniger Johannisbeer-, Stachelbeer- und Heidelbeersträucher reicht zur Selbstversorgung aus – zum Sofortverbrauchen oder für den Vorrat an Marmelade, Saft, Gelee und Eingefrorenem. Himbeeren und Brombeeren tragen bei guter Bodenpflege ebenfalls reichlich. Neue Züchtungen wie Taybeere oder Japanische Weinbeere versprechen lukullische und gesunde Genüsse.

Die wichtigsten Obstgehölze

Kernobst: Apfel, Birne, Mispel, Nashibirne, Quitte
Steinobst: Aprikose, Pfirsich, Pflaume, Mirabelle, Reneklode, Sauerkirsche, Süßkirsche, Zwetschge, Kornelkirsche
Schalenobst: Haselnussstrauch, Mandelbaum, Walnussbaum
Kletternde Arten: Brombeere, Kiwi, Schisandra, Weinrebe
Beerenobst: Apfelbeere, Erdbeere, Kulturheidelbeere, Himbeere, Holunder, Johannisbeere, Jostabeere, Preiselbeere, Sanddorn, Stachelbeere, Taybeere, Japanische Weinbeere

Baumschulen bieten Beerensträucher in den Erziehungsformen Busch, Halb- und Hochstämmchen und sogar Säulenform an. Eine interessante Variante ist, die Beerensträucher zu einem Wandspalier zu erziehen. Vor allem Johannisbeerbüsche sind zugleich wichtige Gestaltungselemente. Sie passen an den Rand des Gemüsegartens, als Übergang zum Obstgarten oder in die Nähe des Kompostplatzes. Sie gliedern den Gartenraum, bieten Sichtschutz und kaschieren unschöne Ecken. Hochstämmchen sehen ebenfalls gut aus. Sie sind ideal für sehr kleine Gärten, weil sich der Platz darunter noch gut mit anderen Kulturen bepflanzen lässt, beispielsweise mit Minzen oder Kapuzinerkresse. Damit die Äste nicht unter der Last der Fruchttrauben abbrechen, braucht das Hochstämmchen ein Holzgestell mit Pflöcken und oben angenagelten Latten, auf dem die Äste aufliegen können.

Für die Beerenobststräucher reicht normalerweise eine Grundfläche von etwa einem Quadratmeter. Jostabeeren wachsen ausladender und brauchen mehr Standraum. Beerensträucher brauchen nicht viel Schnitt. Bei Johannisbeersträuchern genügt es, die abgetragenen Äste an der Basis auszulichten.

Langlebige Obstbäume sorgfältig auswählen

Obstbäume sollten sehr sorgfältig ausgewählt werden, nicht nur die Art (siehe oben), sondern auch die Sorte. Die Sortenlisten der Baumschulen oder die obstbauliche Fachliteratur geben die nötigen Informationen.

Die Sortenwahl ist vor allem bei Äpfeln und Birnen wichtig, da es hier große Unterschiede bei den Fruchteigenschaften gibt, beim Geschmack und den Lagereigenschaften der Früchte, ganz abgesehen vom unterschiedlichen Wuchsbild der Bäume. Wegen der besseren Befruchtung sollten immer mehrere Sorten angebaut werden.

Die Auswahl der Obstgehölze sollten Sie auch nach Ihrem regionalen Groß- und Kleinklima richten. Günstig sind warme, geschützte Lagen ohne Spätfröste. In sehr warmen Klimaregionen können Sie sich an die Kultur von Pfirsich, Aprikose, Schwarzer Maulbeere und Feige wagen. Für kühle Lagen finden sich immer noch passende Apfel-, Birnen- und Zwetschgensorten. Haselnuss- und Holundersträucher wachsen überall. Die Bodenverhältnisse spielen ebenfalls eine Rolle. Birnbäume brauchen einen tiefgründigen Boden. Quitten und Weinreben bevorzugen kalkhaltige Böden. Örtliche Baumschulen wissen, welche Arten und Sorten an den jeweiligen Standorten am besten gedeihen. Sie beraten auch bezüglich der Wuchsformen (Busch, Niederstamm, Halbstamm, Hochstamm, Spindel) und der Unterlagen bei veredelten Gehölzen.

Die Obstgehölzarten wachsen von Natur aus verschieden hoch. Der Unterschied zwischen einem kleinen Sauerkirschbäumchen und einem ausgewachsenen

Ideal für kleine Gärten:
Ein Quittenbaum sieht das ganze Jahr über schön aus.

Walnussbaum mit ausladender Krone ist schon sehr groß. Große Variationsbreiten innerhalb einer Art gibt es bei Apfel, Kirsche und Pflaume. Zudem gibt es noch die niedrigen Erziehungsformen.

Stamm oder Spindel

Baumschulen bieten Obstgehölze mit verschiedenen Stammhöhen an: Als Hochstämme mit einer Stammhöhe von über 180 Zentimetern, als Halbstämme mit 100 bis 120 Zentimetern oder als Buschbäume mit 40 bis 60 Zentimetern Stammhöhe, wozu auch Spindelbüsche zählen. Profi-Obstbauern pflanzen fast ausschließlich niedrige Spindelbüsche oder schlanke Spindeln in ihre Plantagen, weil sie Obstbau heutzutage nur auf diese Weise wirtschaftlich betreiben können.

Bei knapper Fläche müssen Sie sich entscheiden, ob Sie ein oder wenige großwüchsige Hochstamm- oder Halbstamm-Obstbäume oder mehrere kleinwüchsige Gehölzarten oder niedrig bleibende Erziehungsformen bevorzugen. In eng bebautem Gebiet und in Kleingartenanlagen sind höher wachsende Obstgehölze wegen des möglichen Schattenwurfs auf die Nachbargärten nicht erwünscht oder laut Nachbarrecht verboten. Aber dennoch – wo immer es sich anbietet, sollte man wenigstens einen schön gewachsenen Obstbaum mit richtigem Stamm aufs Grundstück pflanzen. Er entwickelt sich im Laufe von Jahrzehnten zu einem Hausbaum, der dem Grundstück Charakter gibt und unter dem man gerne verweilt.

Die richtige Pflanztechnik

Für die Obstgehölze graben Sie ein großzügiges Pflanzloch aus, in dem der Wurzelballen gut Platz hat. Beim eigentlichen Pflanzen sollten Sie zu zweit sein. Eine Person hält den Baum in der richtigen Position, sodass die Veredelungsstelle fünf bis zehn Zentimeter über der Erdoberfläche liegt. Die andere Person schüttet das Pflanzloch mit lockerer Erde auf. Den Baum immer wieder leicht rütteln, damit die Erde in Hohlräume nachrutscht. Die aufgeschüttete Erde leicht festtreten und gut mit Wasser einschlämmen. Eventuell noch etwas Erde nachschütten. Am besten eine Gießmulde lassen, denn im ersten Jahr nach dem Pflanzen sollte der Baum öfter gewässert werden. Gleichzeitig mit dem Pflanzen den Stützpfahl setzen und den Stamm mit Sisalschnur oder anderem Bindematerial locker anbinden.

Die Obstbaumarten brauchen unterschiedlich viel Pflege. Der Winterschnitt bei Apfel und Birne macht die meiste Arbeit. Pflaume, Süßkirsche, Quitte, Zwetschge sowie Walnuss brauchen dagegen kaum Schnitt.

Säulenobst für kleine Grundflächen

Säulenobst ist das Gegenstück zum ausladenden Hausbaum. Diese Extremform einer schlanken Spindel wurde erst vor etwa 50 Jahren in Kanada entdeckt und seither züchterisch weiterbearbeitet. Säulenäpfel, Säulenbirnen und Säulenkirschen bestehen nur aus dem Stamm, an dem direkt die Blätter und das Fruchtholz sitzen. Die Bäumchen brauchen fast keinen Schnitt. Säulenobstbäumchen genügt eine Grundfläche von einem Viertelquadratmeter. Sie eignen sich deshalb für ganz schmale Rabatten oder zum Pflanzen in kleinen Gruppen. Auch in Pflanzgefäßen mit größerem Volumen gedeihen sie. Diese dekorativen Neuzüchtungen sind zudem resistent gegen Pilzkrankheiten wie den Schorf.

Obstgehölze auswählen

- nach persönlichem Geschmack,
- nach Klimalage,
- nach Bodenverhältnissen auf dem Grundstück,
- mehrere Sorten wählen (vor allem von Äpfeln und Birnen mit unterschiedlichen Reifezeiten, unterschiedlicher Lagerdauer, unterschiedlichem Geschmack),
- passende Erziehungsform (Baum, Busch, Spindel, Spalier, Säulenobst) für die Grundstücksgröße.

Anbau in zwei Etagen: Beerenobst-Hochstämmchen machen dies möglich.

Kräutervielfalt für die Mini-Farm

Die Auswahl an Kräutern kann auf unserer Mini-Farm nicht groß genug sein – Kräuter zum Würzen, für heilkräftige Tees, für duftende Sträuße oder einfach zum Anschauen sind immer gefragt. Sie sind unentbehrlich für eine kreative Küche. Minzen und Zitronen melisse für den Tee, Sauerampfer und Schnittlauch für die Salatsauce, Liebstöckel und Gartenthymian für Suppen und Saucen … Und Bienen und Schmetterlinge holen sich von ihnen ebenfalls Nahrung.

Ich empfehle, bei der Planung zunächst eine Liste derjenigen Kräuter zu machen, die Sie brauchen oder mit denen Sie experimentieren möchten. Von den ausdauernden Kräutern genügt meist eine Pflanze, wenn man nur ab und zu etwas zum Würzen braucht. Von Kräutern, die viel in der Küche verwendet werden oder als Vorrat dienen, dürfen es mehrere Pflanzen oder ein ganzes Beet (Modul) sein. Von Pfefferminze beispielsweise kann man nie genug haben.

Lebensformen der Kräuter

Einjährige Kräuter: Basilikum, Bohnenkraut, Borretsch, Dill, Kapuzinerkresse, Kerbel, (Blatt-)Koriander, Majoran, Ringelblume
Zweijährige Kräuter: Petersilie
Ausdauernde, staudig wachsende Kräuter: Bärlauch, Dost (= Wilder Majoran), Estragon, Gewürzfenchel, Guter Heinrich, Liebstöckel, Minzen, Wilde Rauke, Sauerampfer, Schnittlauch, Süßdolde, Kleiner Wiesenknopf (Pimpinelle), Winterheckenzwiebel, Zitronenmelisse
Halbsträucher und Sträucher: Bergbohnenkraut, Eberraute, Gartensalbei, Lavendel, Rosmarin, Gartenthymian, Zitronenthymian, Ysop

Kräuter im Modul-System

Die riesige Zahl an Kräuterarten muss man sortieren: Aus gärtnerischer Sicht werden einjährige, zweijährige und ausdauernde Arten unterschieden. Und bei den ausdauernden Arten wiederum staudige wachsende sowie Halbsträucher und Sträucher. Wenn Sie sich diese Gruppierung verinnerlicht haben, fällt das Einplanen auf dem Grundstück leicht.

Einjährige und zweijährige Arten brauchen normalerweise kein Beet für sich. Sie werden einfach an den Rand der Gemüsebeete oder in die Reihen gesät. Einzelne Exemplare können auch beim Gärtner gekauft und gepflanzt werden. Wenn es den Kräutern am Standort gefällt, versamen sie sich. In schon länger angelegten Gärten kommen Ringelblumen und Borretsch, Einjähriges Bohnenkraut und Dill oft von alleine wieder.

Die ausdauernden Arten benötigen dagegen ein Extrabeet. Sie sollten genügend Raum um sich haben, damit sie sich arttypisch entwickeln können. Die Kräuter-Module in den Plänen sind großzügig bemessen. Besonders viel Raum brauchen die Kräuterstauden Gewürzfenchel (bis 2,5 m hoch), Eibisch (bis ca. 2 m hoch), Liebstöckel (bis ca. 2 m hoch) und Estragon (bis ca. 1,5 m hoch). Da ist ein Pflanzabstand von mindestens einem Meter nötig. Die groß erscheinenden Lücken zwischen den Setzlingen lassen sich im Pflanzjahr oder im Jahr darauf mit Sommerblumen und ein- und zweijährigen Würzkräutern ausfüllen, bis die ausdauernden Kräuter den Platz für sich in Anspruch nehmen. Im Schatten der hohen Kräuterstauden wachsen andere Pflanzen nur kümmerlich. Die hohen Exemplare stehen deshalb auf der nach Norden gewandten Seite der Rabatte oder des Staudenbeets. Die mittelhohen Kräuterpflanzen Bergbohnenkraut, Gartensalbei,

Lavendel, Ysop oder Zitronenmelisse lassen sich leichter einplanen. Sie brauchen einen Pflanzabstand von etwa 50 bis 60 Zentimetern.

Die Kräuter-Module sollten gut zugänglich sein und, wo es sich anbietet, in Küchennähe platziert werden, sodass noch während des Kochens schnell ein paar Blätter oder Triebe von Schnittlauch, Sauerampfer und Pimpinelle geholt werden können.

Die richtigen Kräuter für den Gartenstandort

Ein normaler humoser, nicht zu trockener Boden behagt den meisten Arten. Das Aroma der Kräuter bildet sich gut aus, wenn die besonderen Ansprüche der Kräuterarten beachtet werden: Gartensalbei und Lavendel gedeihen am besten an sonnigem, auch trockenem Standort, Thymian will einen leichten, durchlässigen Boden, während Minzen auf feuchtem, nahrhaftem Boden gut gedeihen. Kräuterpflanzen mit üppigem Blattwerk wie Zitronenmelisse, Liebstöckel oder Sauerampfer brauchen nährstoffreichen, eher frischen Boden. Diese Arten sollten jährlich mit Kompost versorgt werden. Das empfindliche Basilikum braucht Wärme und einen schneckensicheren Platz. Auf normalen Gartenbeeten gedeiht es oft nicht so gut. Am besten lässt es sich in einem Topf oder einem Kasten ziehen. Im Gewächshaus oder im Frühbeet ist es ebenfalls gut untergebracht.

Würzendes aus dem Topf

Bei einigen nicht sicher frostharten Kräuterarten ist der Anbau in einem Pflanzgefäß nötig, sodass sie über Winter samt Topf ins Haus geholt werden können. Rosmarin, Lorbeer, Stevia und Zitronenverbene sind solche Topfkräuter bzw. -sträucher. Auch andere ausdauernde Kräuter gedeihen, zumindest vorübergehend, in Pflanzgefäßen. Ausgepflanzt in Gartenerde, entwickeln sich die Freilandkräuter auf Dauer jedoch besser. Sie kommen so auf jeden Fall eher über den Winter, erfrieren oder vertrocknen nicht so schnell.

OBEN: Die meisten Tee- und Würzkräuter wachsen am besten an einem sonnigen Platz auf eher trockenem Boden.

Kräuter ernten und konservieren

Ernten Sie die Teekräuter (Minzen, Schafgarbe, Zitronenmelisse, Zitronenthymian und andere) für den Vorrat an einem sonnigen, trockenen Tag am späten Vormittag – dann ist die Konzentration an den wertgebenden ätherischen Ölen am höchsten. Teekräuter können Sie sowohl frisch als auch getrocknet verwenden, mit einer Ausnahme: Zitronenmelisse nur frisch überbrühen, getrocknet schmeckt sie nach Heu. Die Kräuter flach auslegen und rasch an einem luftigen, warmen Platz im Haus trocknen. Ideal zum Kräutertrocknen ist ein Dörrgerät. Die rascheltrockenen Blätter in dicht schließende Gefäße oder Tüten füllen und dunkel und kühl lagern. Würzkräuter wie Liebstöckel oder Petersilie lassen sich ebenfalls gut trocknen. Für andere Würzkräuter wie Bärlauch, Schnittlauch und auch für Zitronenmelisse ist das Einfrieren eine gute Konservierungsmethode.

Das Mini-Feld

Die Selbstversorgung wird erst mit dem Anbau von Getreide und Feldfrüchten perfekt. Getreide, Mais, Kartoffeln und Rüben ernähren Menschen und Tiere.

Wenn Sie sich mit dem Getreideanbau vertraut machen möchten, sollten Sie mit Weizen oder Roggen beginnen. Diese Getreidearten sind direkt nach dem Drusch in der Küche verwendbar. Anders ist es bei Dinkel, Gerste und Hafer. Bei diesen Arten sind die Ährchen von Spelzen umgeben und so für die menschliche Ernährung nicht zu gebrauchen – das Getreide muss erst in einer Mühle entspelzt werden. Doch das wäre im Haushalt nur mit großem Zeitaufwand machbar und lohnt sich bei kleinen Anbaumengen nicht. Spelzgetreide lässt sich jedoch an Hühner verfüttern.

Von den Getreidearten gibt es jeweils Winter- und Sommerformen. Wintergetreide wird im Herbst in Reihen oder breitwürfig gesät und steht über Winter auf dem Beet. Es schosst früher als im Frühjahr gesätes Sommergetreide und ist früher erntereif. Eine vollständige Selbstversorgung mit Getreide ist auf einer kleinen Gartenfläche oder einer Mini-Farm kaum möglich. Von wenigen Quadratmetern Fläche (das Feld-Modul misst 2,5 x 4 m) können aber immerhin mehrere Kilogramm Körner für Müsli, Brei, Keimlinge und zum Brotbacken geerntet werden.

Mais ist wie die Getreidearten ebenfalls ein Gras. Im Garten baut man normalerweise Zuckermais an. Wer Mastfutter für Hühner heranziehen will, nimmt auch Körnermais in den Anbauplan. Der bringt jedoch nur in einer warmen Gegend guten Ertrag.

Kartoffeln gehen immer

Eine Mini-Farm ohne Kartoffeln ist kaum denkbar. Sie sind die Basis für eine gesunde Gemüseküche. Kartoffelknollen werden im Lauf des Aprils (in kühlen Regionen auch später) in flache Pflanzlöcher gelegt (Abstand in der Reihe 30–40 cm, von Reihe zu Reihe 50–75 cm) und im Lauf des Frühsommers mehrmals gehackt und angehäufelt, sodass Dämme entstehen. Günstig für den Kartoffelanbau ist ein lockerer, humoser Boden, der genügend Nährstoffe enthält.

Wer sich mit Kartoffeln selbst versorgen will, legt am besten mehrere Sorten mit unterschiedlichen Reifeterminen und Sorten mit unterschiedlichen Kocheigenschaften: festkochende Salatkartoffeln, vorwiegend festkochende Sorten oder mehlige Sorten für Kartoffelbrei oder zum Verfüttern an Hühner oder Schweine. Mein Rat: Beginnen Sie mit ganz normalen Handelssorten, mit ihnen bekommen Sie eine gute Ernte. Sortenraritäten wie 'Vitelotte noir' oder 'Bamberger Hörnchen' sind das »i-Tüpfelchen« für besondere Gelegenheiten.

Bei Kartoffeln ist es besonders wichtig, die Fruchtfolge einzuhalten und sie erst nach fünf Jahren wieder an dieselbe Stelle zu bringen. Wenn irgend möglich, sollten Kartoffeln nicht in der Nähe von Tomaten angebaut werden, da beide Nachtschattengewächse von der Kraut- und Knollenfäule befallen werden können.

Rüben als Tierfutter

Wenn von der »Rübe« die Rede ist, kann die Futterrübe, die Zuckerrübe oder die Rote Rübe (Bete) gemeint sein. Die Zuckerrübe gibt es noch gar nicht so lange. Erst Mitte des 18. Jahrhunderts entdeckte man, dass die weiße Form der Runkelrübe relativ viel Zucker enthält. Durch Züchtung ließ sich der Zuckergehalt bis heute auf über 20 Prozent steigern. Rüben sind wertvolles Tierfutter. Pferde und Hühner mögen Rübenschnitzel. Kaninchen bekommen halbierte oder grob zerkleinerte Rüben.

Kartoffeln sind zur Blütezeit ein zierendes Nachtschattengewächs.

Von Federvieh, Bienen und Schafen

Auf eine richtige Farm gehören Tiere. Dabei gibt es in der Realität auf vielen Bauernhöfen, die sich auf Ackerbau spezialisiert haben, außer Katzen und Hunden gar keine Tiere mehr. Wer kleine Nutztiere halten möchte, muss ständig für sie da sein und sie mit viel Sachverstand versorgen – das gilt für Hühner, Enten und Gänse genauso wie für Schafe und Bienen.

Doch für eine erfolgreiche Nutztierhaltung müssen Sie nicht unbedingt ein Profi sein. Das Wissen um beste, artgerechte Haltungsbedingungen können Sie sich aneignen. Es gibt viele Gründe, mit einer kleinen Tierhaltung zu beginnen, ans Schlachten der Tiere und damit an Tiere als Fleischlieferanten denken dabei die wenigsten. Manchmal sind Tiere als Landschaftspfleger nützlich. Schafe halten den Aufwuchs auf Streuobstwiesen und großen Hausgrundstücken kurz, sodass man nicht mähen muss. Hühner, Enten und Gänse belohnen die Halter mit Eiern. Laufenten sind vielen Gartenbesitzern – abgesehen von ihrem interessanten Gehabe – willkommene Schneckenjäger.

Was Hühner und Gänse brauchen

Die vorhandene Fläche entscheidet darüber, welche Nutztiere gehalten werden können. Auf einem 100-Quadratmeter-Grundstück ist Platz für Zwergrassen von

Kamerunschafe:
Haarschafe, die man nicht scheren muss.

Hühnern und Kaninchen vorhanden. Mobile Behausungen machen die Zwerggeflügelhaltung auf kleinster Fläche möglich. Für ein Laufentenpaar braucht es mindestens 300 Quadratmeter Fläche, für ein Gänsepaar etwa 500 Quadratmeter und für Schafe noch mehr. Da kommt man mit einer Mini-Farm schnell an die Grenze.

Beginn und Grundstock für die Hühnerhaltung sollten wenige Hennen oder eine Hühnerfamilie mit vier bis sechs Hennen und einem Hahn sein. Der Hahn ist für die Hühnerhaltung nicht unbedingt nötig, er hält jedoch die Hühnerschar zusammen und sorgt für Ruhe. Junghühner werden am besten vor der Legeperiode gekauft. Damit Hühner gut legen und gesund sind, brauchen sie einen ihnen gemäßen Lebensraum mit Auslauf, Scharrzone und festem, kleinem Stall. Der Stall kann ein stationäres Gebäude sein, es gibt aber auch sehr praktische mobile Hühnerhäuser. Pro Huhn wird mit einer Stallfläche von – je nach Rasse – ca. 0,2 bis 0,3 Quadratmetern gerechnet. Im warmen, trockenen Stall legen die Hühner Eier, sie schlafen hier und finden Schutz vor Fuchs und Marder.

Gänse übernehmen auf Grundstücken die Aufgabe eines Hofhundes. Sie bewachen das Gelände und vertreiben Eindringlinge durch ihr Schnattern. Ein Gänsepaar braucht eine Weidefläche von mindestens 400 bis 500 Quadratmetern und Zugang zu Wasser, um sich richtig wohlzufühlen. Die Gänseweide wird am besten mit einem Elektro-Knotengitter eingezäunt, das nach Bedarf versetzt wird. Gänse sind im Federkleid widerstandsfähig gegen Regen und Kälte. Sie können – wenn kein Raubwild in der Nähe ist – über Nacht draußen bleiben und benötigen nur etwas Schutz vor Wind. Dort, wo Füchse oder Hunde unterwegs sind, sollten die Tiere die Nacht geschützt im Stall verbringen.

Imkern

Nur mit den Bienen sind Sie weitgehend unabhängig von der Fläche. Bienenkästen können sogar auf Dächern stehen, wenn Trachtpflanzen in der Nähe sind. Wohngebiete mit artenreichen Gärten, vielen Obstbäumen, Blütenpflanzen, Wiesenflächen und einer natürlichen Wasserquelle sind ideal. Wer ernsthaft Bienen halten möchte, sollte mit wenigstens drei oder vier Kästen beginnen, besser sind etwa zehn Kästen. Die Bienenkästen sollten an einem sonnigen, warmen und geschützten Platz stehen. Obstbau und Bienenhaltung gehen Hand in Hand. Alle Obstbauern wissen um den hohen Wert der Honigbiene bei der Befruchtung von Apfel, Birne, Sauerkirsche und Pflaume. Hauptflugzeit der Bienen ist vom Frühjahr bis zum Sommer. In diesem Zeitraum holen sie den Honig ein, der dann geschleudert werden kann. Spät blühende Bienenweidepflanzen wie Phazelie, Herbstastern oder Efeu geben den Winterbienen Nahrung in der kalten Jahreszeit. Der Vorrat an süßem Nektar, den die Bienen in den Stock eintragen, reicht zum Überwintern nicht aus, deshalb wird mit Industriezucker zugefüttert. Imker müssen ihre Völker gut beobachten, sie regelmäßig auf Varroamilben-Befall kontrollieren und gegebenenfalls behandeln.

OBEN: Bienenhaltung gehört auf der Mini-Farm dazu. Honigbienen schenken uns Honig und sichern die Befruchtung der Obstgehölze.

Vorratshaltung bei Obst und Gemüse

Die Kunst der Selbstversorgung besteht darin, möglichst alles Essbare, das auf der Mini-Farm heranwächst, zu verwerten. Während der Saison kommen Gemüse, Obst und Kräuter frisch auf den Tisch. Überschüssiges wird eingelagert oder konserviert. Einige Gemüsearten (Lauch, Rosenkohl, Grünkohl, Feldsalat, Topinambur) können auf dem Beet überwintern und während des Winters frisch verbraucht werden.

Richtig lagern

In den Winter- und Frühjahrsmonaten sind Selbstversorger auf eingelagertes Gemüse und Obst angewiesen. Kartoffeln, Möhren, Rote Bete und Winterrettiche sind die Basis der winterlichen Gemüseküche. Bei kühler Lagerung in Keller oder Schuppen und bei hoher Luftfeuchtigkeit bleibt das Gemüse bis zum Frühjahr frisch. Zuckerhutsalat, Endiviensalat und Chinakohl halten sich, in Zeitungspapier eingewickelt und in Eimer gestellt, bis lange nach Weihnachten. Zwiebeln und Kürbisse vertragen etwas mehr Wärme und Trockenheit. Äpfel (spezielle Lagersorten) halten sich in einem luftigen, kühlen Raum ebenfalls bis zum Frühjahr. Sie sollten nicht neben Kartoffeln lagern.

In vielen Häusern gibt es keinen guten Lagerkeller. Alternativ können Sie das Gemüse in Erdmieten oder -kellern im Freien lagern. Eine Zeitlang, bis zu den tiefen Winterfrösten, ist der Balkon ebenfalls ein guter Aufbewahrungsort für Obst und Gemüse.

Trocknen und einfrieren

Die meisten Obstarten und -sorten lassen sich nicht lange lagern. Da kommt es darauf an, sie für den späteren Verbrauch zu konservieren. Die einfachste Konservierungsmethode ist das Trocknen bzw. Dörren – an der Luft, im Backofen oder im elektrischen Dörrapparat. Dafür eignen sich vor allem stark zuckerhaltige Äpfel, Birnen, Quitten und Zwetschgen. Das gedörrte Obst ist als gesunde Leckerei oder zum Backen ideal. Heidelbeeren, Preiselbeeren und Hagebutten lassen sich ebenfalls gut trocknen. Doch sollten die Früchte schonend getrocknet werden (bei einer Trockentemperatur von 40 bis 45 °C), damit die wertvollen Vitamine nicht zerstört werden.

Bei anderen Obstarten ist dagegen das Einfrieren die beste Konservierungsmethode. Weiches Beerenobst – Brombeeren, Erdbeeren, Heidelbeeren, Himbeeren, Johannisbeeren – ist ideal zum Einfrieren, genauso wie Pflaumen und Zwetschgen.

Bei Gemüse stellt sich die Frage, ob es roh oder blanchiert eingefroren wird. Tomaten können Sie roh und im Ganzen in die Gefriertruhe geben. Einige Gemüsearten sollten vor dem Eingefrieren ein paar Minuten lang in sprudelndem Wasser gekocht (blanchiert), abgegossen und erst dann in die Gefrierbehälter gefüllt werden. So handhabt man es beispielsweise bei Spinat, bei Zuckererbsen und bei grünen Bohnen (Buschbohnen, Stangenbohnen). Allerdings verändert sich beim Einfrieren und Auftauen die Konsistenz der Gemüse. Sie werden lasch und eignen sich nicht mehr für Rohkostsalate, sondern für gekochte oder gebackene Gerichte oder zum Verkochen für Suppen und Soßen.

Entsaften und Gelee zubereiten

In größeren Gärten fällt die Ernte bei Äpfeln, Holunderbeeren, Johannisbeeren, Quitten und Weintrauben oft so gut aus, dass gar nicht alles direkt verbraucht oder eingefroren werden kann. Da bietet sich das Dampfentsaften als Konservierungsmethode an. Der im speziellen Dampfentsafter gewonnene Saft wird fast kochend heiß direkt in sehr gut gereinigte Flaschen oder Schraubgläser gefüllt. Dieser Fruchtsaft hält sich ohne Zuckerzusatz jahrelang. Alternativ können Sie den Saft weiter zu Gelee verarbeiten. Dazu den Saft in einen großen Topf geben, abkühlen lassen und Gelierzucker (alternativ Zucker und Gelfix) hinzufügen. Je nach Geschmacksvorliebe für Süßes wird Gelierzucker 1:1, 1:2 oder 1:3 verwendet, entsprechend dem Verhältnis Zucker zu Saft.

Im Gegensatz zum Gelee werden für die Marmeladenbereitung die ganzen Früchte verwendet. Klassische Marmeladenfrüchte sind Brombeeren, Erdbeeren, Himbeeren, Johannisbeeren, Jostabeeren, Stachelbeeren, Pflaumen und Zwetschgen. Die sehr zuckerhaltigen Zwetschgen lassen sich ohne oder mit sehr wenig Zuckerzugabe zu Mus verkochen. Süßsaure Chutneys werden ähnlich wie Marmelade mit pikanten Gewürzen zubereitet. Eindünsten (einwecken) und milchsaures Einlegen sind weitere Möglichkeiten, Gemüse und Obst zu konservieren.

Kalt entsaften und mixen

Rohe Säfte gelten mit ihrer hohen Konzentration an Vitaminen und anderen sekundären Inhaltsstoffen als besonders gesund. Wurzel- und Blattgemüse sowie Obst lassen sich gut mit einer Saftzentrifuge entsaften. Besonders gesund sind Drinks aus Roter Bete mit Apfel, Brennnessel mit Apfel oder Möhre mit Sellerie – mit ein paar Spritzern Zitronensaft und aufgefüllt mit kohlensäurehaltigem Mineralwasser ein erfrischender Genuss. Für die beliebten Smoothies brauchen Sie einen schlagkräftigen Mixer, der alles, auch die Kerngehäuse und Schalen, mit zerkleinert.

Für den Winter bietet es sich an, einen Vorrat an Marmeladen und eingewecktem Gemüse anzulegen.

Die eigene Mini-Farm

Ein Stück Land zum Bebauen – das wünschen sich Gemüseselbstversorger, Kräuterfans, Obstesser, Smoothietrinker, Naturfreunde und Bienenhalter. Das Modul-System hilft bei der Umsetzung der Wünsche in die Realität.

Mini-Farming nach Plan

Die folgenden 20 Pläne zeigen beispielhaft Grundstückssituationen an Einfamilien- und Reihenhäusern, im Großstadthinterhof, in Schrebergartenanlagen und in freiem Gelände. Die Pläne berücksichtigen die Lebensverhältnisse und die speziellen Interessen der potenziellen Mini-Farmer, sodass diese ihre Vorhaben in die Tat umsetzen können – auf 50, 300 oder 1000 Quadratmeter Land.

Wer ein Grundstück kauft oder pachtet, fängt in Gedanken gleich an, das Grundstück einzuteilen. Möglichst viele Nutzpflanzen und manchmal auch Nutztiere sollen ihren Platz finden. Was machbar ist, zeigt sich bei der konkreten Planung zunächst mit Stift auf dem Papier und später mit Maßband und Spaten beim Umsetzen im Gelände.

Modul-System zur optimalen Raumnutzung

Die Grundrisspläne geben Anregungen für die Einteilung Ihres Grundstücks. Sie sind bestückt mit Modul-Bausteinen mit definierten Maßen (siehe Übersicht ab S. 16),

Gemüse in Reihenmischkultur:
So lässt sich der Raum gut ausnutzen.

vergleichbar Lego-Bausteinen. So kann man sich besser vorstellen, welche Fläche Gemüsebeete, Beerenobststräucher und Obstbäume im Gelände einnehmen und welche Anordnungen möglich sind. Den Plänen lassen sich weitere Informationen entnehmen:

- Flächenbedarf für die Selbstversorgung mit Gemüse
- Flächenbedarf für einzelne Obstgehölze
- Übersicht über Nutzpflanzengruppen: Gemüse, Kräuter, Beerenobst, Baumobst, Spalierobst, Kübelpflanzen
- Übersicht über bauliche Einrichtungen für den Gemüse- und Kräuteranbau – Gewächshaus, Tomatenhaus, Hochbeet, Zäune, Klettergerüste
- Ausrichtung der Beete und Bauten nach der Himmelsrichtung (= Besonnung), ablesbar an der Windrose neben den Planzeichnungen.

Reiche Ernten möglich

Eine Auflistung der möglichen Erträge ergänzt die Pläne. Wie hoch die Erträge in der Praxis tatsächlich ausfallen, ist von vielen Faktoren abhängig: Von der Auswahl des Saat- und Pflanzguts, vom Standort, von der Düngung, vom Klima und nicht zuletzt von der Gärtnerin oder dem Gärtner. In Spätfrostjahren tragen Obstgehölze zum Beispiel wenig oder gar keine Früchte, in anderen Jahren biegen sich die Äste unter deren Last. Oder in regnerischen und kalten Jahren wird die Tomatenernte schlecht ausfallen, weil die Kraut- und Braunfäule die Früchte verfaulen lässt. Durch eine gute Vorratshaltung und Konservieren des Ernteguts mit den Methoden Dörren, Einfrieren, Eindünsten und Entsaften lassen sich auch magere Jahre mit Selbstgeerntetem überbrücken.

In der Anzuchtwerkstatt: Gemüse zum späteren Auspflanzen ins Freiland oder Gewächshaus

Kleiner Garten vor Erdgeschosswohnung

Kleiner Garten vor Erdgeschosswohnung Gesamtgröße: ca. 6 x 11 m = 66 m²

1 Modul Beerenobst
2 Modul Gemüse
3 Modul Kräuter
4 Modul Obstbaum (klein)
5 Modul Sichtschutz
6 Modul Tomatenhaus
7 Modul Wegefläche

Wer wenig Zeit und Platz für den Gemüsegarten hat, muss kenntnisreich auswählen und sich auf das Wesentliche beschränken. Die Wahl sollte auf solche Arten fallen, die ohne viel Aufwand kultiviert werden können, die nicht jeden Tag jemanden brauchen, der gießt oder hackt oder erntet.

Hacken – gewusst wie

Die Wahl fällt hier auf Gemüsearten, die Sie vom Frühjahr bis zum Sommer oder sogar bis zum Herbst sich weitgehend selbst überlassen können, die Sie nur gelegentlich hacken und kaum oder gar nicht zu gießen brauchen. Kartoffeln, Zwiebeln, Rote Bete und Möhren sind die Favoriten. Salate und Fruchtgemüse dagegen brauchen mehr Aufmerksamkeit und termingebundene Arbeiten. Mit einem kurzen Arbeitseinsatz mit Hacken und Häufeln sind diese Kulturen gut versorgt. Bei diesen Hackfrüchten kommt es zudem nicht auf einen genauen Erntetermin an. Die Gemüse können nach und nach über einen längeren Zeitraum geerntet werden, so wie man sie eben braucht und wie man Zeit dafür hat.

■ **Zwiebelgewächse:** Am einfachsten zu kultivieren ist die Küchenzwiebel, da man sie nicht sät, sondern als kleine Zwiebelchen, die »Steckzwiebeln«, in den Boden steckt. Steckzwiebeln in Netzen werden im Frühjahr überall in den Geschäften angeboten. Am häufigsten wird die Sorte 'Stuttgarter Riesen' angebaut. Gesteckt wird ab etwa Ende März oder im April, wenn der Boden genügend abgetrocknet ist, in der Reihe im Abstand von zehn Zentimetern oder versetzt in Doppelreihen mit einem Abstand von 15 bis 20 Zentimetern. Es ist nur darauf zu achten, dass die Steckzwiebeln mit der Spitze nach oben in den Boden gesteckt werden und die Spitze gerade bis zur Bodenoberfläche reicht. Es genügt, gelegentlich entlang der Zwiebelreihen zu hacken und damit die Erde zu lockern und zu belüften – das ist nötig nach Regengüssen, um Verkrustungen des Bodens zu brechen. Hacken sollten Sie allerdings erst, wenn der Boden oberflächlich schon wieder abgetrocknet ist. Damit wird auch der alten Regel im Gemüsebau gefolgt: Einmal hacken bringt so viel wie einmal düngen und einmal gießen.

Welche Hacke Sie nehmen, hängt von den persönlichen Vorlieben und auch von der Bodenart ab. Das kann eine

RECHTS: In kleinen Gärten wachsen Gemüse und Kräuter nebeneinander. So entsteht ein buntes, vielfältiges Bild.

leichte Schlaghacke, eine Ziehhacke oder eine Pendelhacke sein. Zum oberflächlichen Lockern des Bodens eignen sich auch Grubber, Sauzahn oder Kultivator. Beim Hacken wird übrigens zugleich Unkraut abgehackt und verschüttet.

Wer gerne Zwiebeln isst, wird weitere Sorten ausprobieren wollen, zum Beispiel die Sorte 'Sturon'. Unbedingt ausprobieren sollten Sie Schalotten, ihrer interessanten Gestalt und ihres feinen Geschmacks wegen. Sie werden ebenfalls im Frühjahr gesteckt. Erntereif sind die Zwiebelgewächse im Juli oder August, leicht erkennbar daran, dass das Zwiebellaub braun wird und abstirbt. Bei trockenem Sommerwetter macht es nichts, wenn die Zwiebeln im Boden bleiben. Man sollte allerdings zusehen, dass man sie vor einer Regenphase erntet, denn nass geerntete und eingelagerte Zwiebeln sind weniger gut lagerfähig als trockene.

■ **Wurzelgemüse:** Ähnliche Kulturansprüche wie die Zwiebel haben die Wurzelgemüse Möhre und Pastinake sowie Rote Bete. Sie bleiben von der Aussaat im April/Mai bis zum Spätherbst auf dem Beet. Die Wurzeln werden nicht alle gleichzeitig erntereif. Es ist gut, wenn man bereits im Lauf des Sommers einzelne Möhren- oder Pastinakenwurzeln herauszieht und verbraucht – so hat man selbst schon früher etwas von dem Gemüse und schafft den verbleibenden Exemplaren Raum zur Entwicklung. Zu eng stehende Rüben bleiben klein – nur wenn sie sich nach den Seiten ausdehnen können, werden sie sortentypisch dick und lang. Es muss nicht alles auf einmal geerntet werden.

■ **Gründüngung:** Wenn die Zwiebeln bis Ende August alle geerntet sind, kann die frei werdende Fläche danach mit Gründüngung eingesät werden. Denn es ist gut für den Boden, wenn er ständig bewachsen ist. Für Aussaattermine nach der Ernte im Hochsommer bis zum September eignen sich Büschelschön *(Phacelia)* oder Gelbsenf. Das Saatgut gibt es in größeren Gebinden im Fachhandel zu kaufen. Es wird breitwürfig ausgesät und mit dem Rechen oberflächlich etwas in die Krume eingearbeitet. Gründüngungssaaten muss man nicht gießen, man überlässt sie den atmosphärischen Einflüssen. Tau und Regen bringen die Samen zum Keimen. Mit der Aussaat von *Phacelia* tut man gleichzeitig

LINKS: Ein Heidelbeerstrauch ist Blickfang zur Blüte- und zur Fruchtzeit.

etwas für die Honig-Bienen, die an ihren Blüten spät im Jahr noch Nektar finden.

■ **Obst:** Der Mini-Garten bietet nur wenig Platz für Obstkulturen. Da muss es schon etwas Besonderes sein. Für köstliche Desserts und Kuchen mild schmeckende Heidelbeeren oder Felsenbirnen selbst anbauen – das wäre doch etwas! Die Kultur von Heidelbeersträuchern ist kinderleicht. Sie entwickeln sich ohne Schnitt zu wohlgeformten Exemplaren – allerdings gedeihen sie nur in saurem Boden gut. Solche Bodenverhältnisse gibt es nur in wenigen Regionen Deutschlands. Fast überall herrschen andere Bedingungen, die den Sträuchern nicht behagen und auf die sie mit Blattaufhellungen (Chlorose) und Kümmerwuchs reagieren. Das heißt: Der Boden muss ausgetauscht werden. Kulturheidelbeeren müssen in saure Moorbeeterde gepflanzt werden, wie man sie auch für Rhododendron nimmt. Zusätzlich empfiehlt es sich, die Sträucher mit einem speziellen Heidelbeerdünger zu versorgen. Alternativ möglich ist die Kultur in Töpfen, wo die Ansprüche an den Boden leicht erfüllt werden können.

Kulturheidelbeersträucher sind schön anzuschauen: Sie bilden im Frühjahr hübsche glöckchenartige weiße Blüten aus und fallen im Herbst durch ihre interessante Blattfärbung auf. Manche Sorten sind immergrün. Kulturheidelbeeren *(Vaccinium corymbosum)* stammen aus Nordamerika. Die einheimische Waldheidelbeere *(Vaccinium myrtillus)* ist eine andere Art derselben Gattung. Je nach Sorte werden die Sträucher unterschiedlich hoch: 'Bluecrop' trägt tiefdunkelblaue Beeren und wird bis etwa 2 Meter hoch, 'Sunshine Blue' bis ca. 1,2 Meter, 'Poppins' mit hellblauen Beeren erreicht ebenfalls eine Wuchshöhe von bis zu 2 Metern. Reifezeit ist je nach Sorte von Juli bis Anfang September. Spezielle Baumschulen bieten sogar eine Heidelbeere mit rosafarbenen Früchten an. Da gilt es also allerhand auszuprobieren.

Die Felsenbirne *(Amelanchier canadensis)* ist ebenfalls etwas Besonderes. Sie ist als Ziergehölz mit Blütenschmuck im Frühjahr und wunderschöner Herbstfärbung beliebt. Als Nutzpflanze wird sie bei uns erst jetzt entdeckt. Die lilafarbenen bis dunkelblauen Früchte schmecken mild und lassen sich zu köstlichen Kuchen und Desserts zubereiten. Die Kultursorte 'Prince William' bringt besonders große Früchte hervor. Unbedingt ausprobieren!

■ **Kräuter:** Ausdauernde Kräuterstauden und -halbsträucher sind ebenfalls ideal für kleine Gärten. Die Lippenblütler Gartensalbei, Lavendel und Ysop sind Nutzpflanzen, aber gleichzeitig dekorative Ziergewächse. Sie können weitgehend sich selbst überlassen werden. Nur ernten müssen Sie. Schnitt: Wenn die Sträucher in Form gebracht werden sollen, dann beim Lavendel nach der Hauptblüte im August, beim Gartensalbei sollte erst im Frühjahr geschnitten werden, wenn die Fröste vorbei sind.

MODUL OBST		
	Min.	Max.
1 Holunderstrauch	4 kg	8 kg
1 Felsenbirne (Rosinenbaum)	5 kg	10 kg
1 Feige (Freiland)	5 kg	10 kg

MODUL BEERENOBST		
	Min.	Max.
2 Kulturheidelbeersträucher	2,5 kg	5 kg

MODUL GEMÜSE		
	Min.	Max.
6 m² Zwiebeln	18 kg	30 kg
6 m² Möhren	18 kg	30 kg
3 m² Kartoffeln	6 kg	12 kg

Terrassengarten als Freiluftwohnzimmer

Terrassengarten als Freiluftwohnzimmer – Gesamtgröße: ca. 9 x 7 m = 63 m²

1 Modul Hochbeet
2 Modul Kräuter
3 Modul Obstbaum (klein)
4 Modul Pflanzgefäß
5 Modul Spalier
6 Modul Wasserbehälter
7 Modul Wegefläche

Ein Wohnzimmer, das sich unter freiem Himmel fortsetzt – in diesem Terrassengarten ist dies verwirklicht. Vor der großflächigen Fensterfront erstreckt sich der symmetrisch angelegte Mini-Garten. Stein und Kies bedecken die Grundfläche. Vor dieser Kulisse kommen formschöne Obstgehölze, Gemüse und Kräuter besonders gut zur Geltung.

Für Ästheten und Genießer

Kleine und kleinste Gärten verlangen viel Geschick und Kenntnis bei der Anlage und der Auswahl der Kulturpflanzen. In diesem Garten, der auch vom Gehweg aus einsehbar ist, müssen die Nutzpflanzen zierend und nützlich zugleich sein. Die Bewohner sind häufig unterwegs und wählen deshalb Kulturpflanzen aus, die auch einmal ein paar Tage lang sich selbst überlassen bleiben können.

Der kleine Terrassenhof ist außer durch Sichtschutzwände nach außen durch eine hüfthohe Mauer abgegrenzt. Die Grundfläche ist mit Steinplatten und Kies belegt, sodass Regen in den Untergrund einsickern kann. Damit kein Unkraut aufkommt, wurde unter der Kiesschicht ein Wurzelschutzvlies ausgelegt, das das Aufkommen von Unkräutern aus dem Untergrund verhindert.

■ **Obst:** In diesem Mini-Garten sind kleinwüchsige Obstgehölze gefragt, die das ganze Jahr über einen Blickfang bieten. Da fällt die Wahl auf die Kornelkirsche *(Cornus mas)*, als Hochstämmchen gezogen. Es ist ein einheimisches Wildgehölz, das mit seiner frühen Blüte bereits im Februar oder März mit gelben Farbtupfern den Frühling in den Garten bringt. Die Kirschfrüchte reifen spät im September oder Oktober, sie verfärben sich dabei von Rot nach Tiefdunkelrot. Die wirklich reifen Früchte lösen sich vom Stein. Das Fruchtfleisch ergibt eine herb-fruchtige Konfitüre, nach der man sich die Finger leckt.

Die Sichtschutzwände, die den Terrassengarten an den Seiten abgrenzen, sind mit Spalierobst bepflanzt. Spalierbirnen sind immer eine gute Wahl. Wer gerne experimentiert, kann sich auch an die Kultur von Schisandra oder Maracuja wagen.

■ **Kübelpflanzen:** Einige Obstgehölze und Kräuter in Kübeln bringen mediterrane Stimmung auf die Terrasse: Lavendel, Lorbeerbäumchen, Zitronenbaum, Feigenbaum, Granatapfel. Die Pflanzkübel können immer so gerückt werden, dass sie in den vollen Genuss der Sonne kommen. Im Winter müssen die Gewächse (mit Ausnahme des Lavendels) allerdings an einen frostfreien Ort gebracht werden.

Lavendel ist die Ausnahme. Er ist, ausgepflanzt ins Erdreich, eigentlich frosthart. Bei Topfkultur besteht jedoch immer die Gefahr, dass der Wurzelballen durchfriert und er im Topf vertrocknet. Dem kann vorgebeugt werden, indem man ihn im Winter nicht auf die Südterrasse stellt, sondern eher an einen schattigen, geschützten Ort an die Nordseite des Hauses oder in den Schutz der Begrenzungsmauer.

Lorbeer muss über den Winter kühl und hell stehen. Seine Blätter können das ganze Jahr über geerntet werden. Sie sind unentbehrlich für Gerichte mit Linsen, anderen Hülsenfrüchten und Kohlgemüse sowie zum süß-sauren Einlegen von Gurken und Kürbis.

MODUL OBST

	Min.	Max.
2 Kornelkirschbäumchen	2 kg	20 kg
2 Spalierbirne	20 kg	40 kg

MODUL GEMÜSE

	Min.	Max.
2 m^2 Blattsalate, Mangold	2 kg	4 kg
2 m^2 Buschbohnen	1 kg	6 kg

Die beliebten Kräuter Zitronenverbene und Süßkraut (= *Stevia*) vertragen ebenfalls keinen Frost und müssen deshalb zum Überwintern ins Haus. Das warme Wohnzimmer ist nichts für sie. Da kommen schnell Schädlinge wie Blattläuse und Weiße Fliege. Wenn es keine geeigneten Überwinterungsmöglichkeiten gibt, ist es oft besser, die beiden Teepflanzen komplett abzuernten und für den Vorrat zu trocknen. Im darauf folgenden Frühjahr kommen neue, gesunde Pflanzen auf die Terrasse.

Die Zitronenverbene gilt als Lieblingskräutertee der Franzosen und ergibt als Aufguss zubereitet einen herb-zitronig schmeckenden Tee. Der Stevia werden wahre Wunderwirkungen zugesprochen. Das Kraut besitzt starke Süßkraft und wird als Zuckerersatzstoff zum Süßen von Tee und Gebäck verwendet. Dazu muss es vermahlen und als Pulver oder Extrakt den Getränken oder dem Gebäck zugefügt werden.

- **Gemüse:** Gemüse lässt sich gut in großzügig bemessenen Hochbeeten anbauen. Diese Hochbeete schützen auch ein wenig vor neugierigen Blicken von Passanten. Auch hier fällt die Wahl auf dekorative Gemüsearten, die über längere Zeit »aufgeräumt« aussehen. Mangold ist ein solches Gemüse, auch die verwandte Rote Bete. Römischer Salat ist ein hervorragender, knackiger Sommersalat, der spät schießt und bei dem es nicht so auf den genauen Erntetermin ankommt. Buschbohnen, die mit ihren großen Schmetterlingsblüten und den langen Hülsen interessant aussehen, dürfen ebenfalls nicht fehlen.

- **Küchenkräuter:** Einjährige Küchenkräuter wachsen in den Gemüsehochbeeten mit. Die Kapuzinerkresse mit ihrer expressiven Blatt- und Blütenform umspielt die Ränder dekorativ und hängt über den Rand der Hochbeete herunter. Die kälteempfindliche Sommerblume wird zunächst im Haus vorkultiviert. Sie darf erst nach den Eisheiligen, wenn keine Spätfröste mehr zu erwarten sind, ins Freie. Für eine gute Entwicklung braucht sie nahrhaften Boden und viel Feuchtigkeit.
Bei zu hohem Stickstoffangebot bildet sich das Blattwerk üppig aus, dafür gibt es aber kaum Blüten. Bei Sommertrockenheit wächst Kapuzinerkresse oft schlecht; erst wenn es zum Herbst hin wieder mehr regnet, bilden sich neue Blatttriebe, die sich dann oft flächendeckend ausbreiten. Dann ist die beste Gelegenheit, viel von ihr zu genießen – im Salat, als Brotbelag, als Frischpresssaft oder Smoothie. Das Kraut samt Blüten, Stängeln und unreifen Samen gilt als besonders gesund und sehr wirksam bei bakteriellen Infektionen. Blumenliebhaber freuen sich über die große Auswahl an Sorten. Meine Favoriten: die 'Alaska'-Serie mit panaschierten Blättern, die Sorte 'Empress of India' mit dunkelgrünen Blättern und 'Cherry Rose Jewel' mit kirschfarbenen, leuchtenden Blüten.

LINKS: Die Kornelkirsche ist ein besonderes Obstgehölz. Bereiten Sie aus den Steinfrüchten köstliche Konfitüre zu.

Gestaltungstrick für kleine Gärten: Lorbeer-Hochstämmchen im Pflanzgefäß.

Dachgarten mit Blütenpflanzen für Bienen

Dachgarten mit Blütenpflanzen für Bienen – Gesamtgröße: ca. 7 x 11 m = 77 m²

1 Modul Beerenobst
2 Modul Bienen
3 Modul Blumen
4 Modul Hochbeet (Kräuter, Erdbeeren, Phazelie)
5 Modul Pflanzgefäß
6 Modul Wasserbehälter

Imkern in der Stadt ist in. Insider sagen »Urban Beekeeping«. Die Bäume in der Stadt liefern reichlich Tracht. Warum also nicht ein paar Bienenkästen auf der Dachterrasse oder auf einem tragfähigen Garagendach aufstellen? Bienenkästen (= Bienenbeuten) können im Prinzip überall stehen. Das Revier der Bienen ist die Luft und nicht auf die Bodenfläche begrenzt.

Das Dach als Abflugbasis

Müssen Sie mutig sein, wenn Sie Bienen auf der Dachterrasse halten? Nein, bestimmt nicht. Die Bienenhaltung funktioniert auf vielen Dächern hervorragend. Sie brauchen nur spezielle Bienenkästen (Bienenbeuten) und die Bienenvölker dazu. Drei oder vier Kästen sollten es schon sein, ein Kasten allein ist für eine ernsthafte Bienenhaltung zu wenig. Die heute übliche Honigbienenrasse Carnica gilt als wenig stechlustig und problemlos zu betreuen, sodass man vor Bienenstichen keine Angst zu haben braucht.

Die Dachterrasse dient als Ausflugsbasis für die Bienen in die nähere und weitere Umgebung. Die wenigen Pflanzen, die auf der Terrasse Platz haben, reichen als Trachtpflanzen bei Weitem nicht aus. Die Masse bringen Linden, andere Laub- und Nadelbäume, Obstbäume sowie Blütenpflanzen in Parks, Kleingartenarealen und Hinterhöfen. In manchen Großstädten wie beispielsweise in bestimmten Stadtteilen Berlins gibt es davon reichlich, mehr als auf dem Land mit intensiv betriebener Landwirtschaft.

Die Bienenkästen sollten an einem sonnigen, warmen und geschützten Platz stehen, der in der Mittagszeit etwas vor der Sonne geschützt ist. Bieten Sie den Bienen auf jeden Fall in der Nähe der Bienenstöcke auch Wasser in offenen Schalen und Becken an.

RECHTS: Anflug aufs Hochhaus: Bienenhaltung ist in der Stadt genauso möglich wie auf dem Land.

Ein Raum zum Unterstellen der Gerätschaften sollte ebenfalls verfügbar sein.

■ **Bienenhaltung:** Bienen werden in Kästen oder sogenannten Beuten gehalten. Für jedes Volk ein Kasten. Üblich sind Holz-Magazinbeuten mit quadratischem oder viereckigem Grundriss. Die heute üblichen Oberbehandlungsbeuten sind einfach zu handhaben. Sie bestehen aus zwei oder drei übereinandergesetzten Kästen, den »Zargen«, in die die Rahmen eingesetzt werden. Die unteren Zargen dienen als Brutraum. Hier setzt die Bienenkönigin Eier in die Waben – und hier wachsen die Larven heran. Die obere Zarge ist der Honigraum, in dem die Bienen Honig und Pollen in die

Waben einlagern. Die Zarge mit dem Brutraum ist durch ein Gitter, das so engmaschig ist, dass die Königin nicht hindurchschlüpfen kann, vom Honigraum getrennt. Die Kästen können im Freien stehen – sie sollten aber eine regensichere Abdeckung aus verzinktem Blech haben und etwas erhöht auf einem niedrigen Podest stehen.

Im Inneren eines Kastens sieht es so aus: Hier stehen Holzrähmchen senkrecht in Führungsleisten des Kastens. Die Rähmchen besitzen eine Mittelwand aus Wachs mit einem vorgeprägten Relief aus Sechsecken, entsprechend der Grundform der Wabe. Die Bienen bauen auf dem vorgegebenen Muster beidseitig Waben aus von ihnen ausgeschiedenen Wachsplättchen auf.

■ **Bienenweidepflanzen:** Bienenweidepflanzen auf der Dachterrasse reichen als Tracht bei Weitem nicht aus. Sie liefern nur etwas Nahrung zur Ergänzung. Auf jeden Fall bieten sie die Möglichkeit, die Bienen zu beobachten und sich an ihrem emsigen Treiben zu erfreuen. Sehr gute Trachtpflanzen sind Beerenobstgehölze wie Stachelbeeren und Erdbeeren. Stachelbeeren *(Ribes uva-crispa)* blühen unscheinbar bereits im März oder April. Wegen dieser frühen Tracht sind die Stachelbeerbüsche oder -hochstämmchen erste Wahl beim Beerenobst.

MODUL OBST		
	Min.	Max.
3 Bienenvölker, Honig	30 kg	60 kg

MODUL BEERENOBST		
	Min.	Max.
2 Stachelbeere, Hochstämmchen	3 kg	6 kg
2 m² Erdbeeren	2,5 kg	5 kg

Hochstämmchen lassen sich gut mit Kräuterstauden oder -halbsträuchern unterpflanzen. Im Juni oder Juli schenken uns die Sträucher äußerst aromatische Früchte mit dem typischen Stachelbeeraroma – bis zu zwei bis drei Kilogramm in guten Erntejahren pro Strauch. Pflanzen Sie am besten gleich zwei Sträucher, eine gelb- oder grünfrüchtige Sorte und eine rotfrüchtige Sorte. Die meisten Sorten, die die Baumschulen anbieten, sind widerstandsfähig gegen den Stachelbeermehltau, der die Gesundheit der Sträucher gefährdet. Um dem Befall vorzubeugen, müssen im Spätwinter vor dem Austrieb alle Triebspitzen abgeschnitten werden. Zudem ist es wichtig, das Astgewirr auszulichten, sodass Licht und Luft in den Strauch kommen. Tipp: Nicht zu vorsichtig schneiden, sondern kurz entschlossen alles zu dicht Stehende herausnehmen.

Einige Heil- und Würzkräuter sind ebenfalls hervorragende Bienenlockpflanzen. Allen voran die Zitronenmelisse *(Melissa officinalis)*, die treffenderweise auch »Bienensaug« heißt. An sonnigen Tagen sind die Lippenblüten des Krautes belagert von Bienen, die hier Nektar saugen. Die Zitronenmelisse treibt bereits früh ihr Kraut. Davon lässt sich reichlich für zitronigen Kräutertee ernten. Im Lauf des Junis blüht sie wochenlang mit blasslila Lippenblüten. Lassen Sie die abgeblühten Triebe ruhig stehen; nach einigen Wochen, im August oder September, treibt das Kraut Seitentriebe, die ebenfalls noch blühen und zu dieser Jahreszeit noch eine Nektarquelle bieten. Weitere Lippenblütler sind ebenfalls hervorragende Bienenweidepflanzen. Vor allem Lavendel, Ysop und Bergminze. Diese drei sonnenliebenden Kräuter lassen sich gut in Pflanzgefäßen kultivieren.

Wer wirklich etwas für die Bienen tun will, muss ihnen möglichst das ganze Jahr über Nahrung bieten, auch im Frühjahr und Spätherbst. Da ist die Auswahl an Nutzpflanzen rar. Dann müssen Zierpflanzen in die Bresche springen: Beispielsweise Schneeheide, Krokusse und Schneeglöckchen im Frühjahr und Herbstastern, Heidekraut und Efeu im Herbst und Frühwinter.

Trachtpflanzen für Honigbienen: Lavendel, Apfel, Efeu und noch viele mehr.

Gartenparzelle an Mietshaus oder Kleingartenparzelle

Gartenparzelle an Mietshaus oder Kleingartenparzelle – Gesamtgröße: ca. 6 x 11 m = 66 m²

- 1 Modul Beerenobst
- 2 Modul Blumen
- 3 Modul Gemüse und Erdbeeren
- 4 Modul Gemüse
- 5 Modul Himbeerspalier
- 6 Modul Kompost
- 7 Modul Kräuter
- 8 Modul Kürbis
- 9 Modul Rosenbogen
- 10 Modul Tomatenhaus
- 11 Modul Wegefläche

Öde Rasenflächen waren gestern. Die Zukunft gehört den Nutzgärten. Nicht nur an Einfamilienhäusern, sondern auch an Mietshäusern. Warum die weiten Flächen Abstandsgrün nicht in Nutzgärten umwandeln? Urban-Gardening-Projekte machen es vor und greifen damit eine Landnutzung wieder auf, die in den Nachkriegsjahren gang und gäbe war, als jede Fläche zur Nahrungsmittelerzeugung genutzt wurde.

Grundanlage im Stil der Bauerngärten

Mietergärten bleiben Gemeinschaftsland und sind deshalb nicht eingezäunt. Es gibt keine hohen Gehölze, da sie auf der kleinen Parzelle und auf den Nachbarparzellen nur Schatten werfen würden, der das Wachstum der Pflanzen beeinträchtigt. Die Gartenparzelle darf aus dem gleichen Grund nicht im Gebäudeschatten liegen, sondern möglichst so, dass das Gelände den ganzen Tag über gut besonnt ist.

Die Grundanlage ist übersichtlich. Schmale, wassergebundene Wege gliedern die Anlage. Dies können einfache Erdwege oder mit Rindenmulch belegte Wege sein. Für den Fall, dass die Gartenfläche anders eingeteilt werden soll, sind solche erdgebundenen Wege, anders als gepflasterte oder mit anderen Materialien befestigte Wege, schnell wieder in eine Grünfläche umgewandelt. Johannisbeersträucher und ein Himbeerspalier grenzen die Gartenparzelle nach einer Seite hin ab.

■ **Gemüse:** Die Anlage besteht aus vier Modulen à zehn Quadratmetern. Diese Fläche reicht bei durchgehender Bewirtschaftung zur weitgehenden Selbstversorgung mit Gemüse und Erdbeeren für vier Personen. Die Beetfläche der Gemüsemodule kann entweder durchgehend für den Gemüseanbau genutzt werden oder sie kann mit Trittwegen in drei kleinere Beete von 2,5 Meter Länge und 1,2 Meter Breite unterteilt werden. Beete dieser Größe sind von allen Seiten her gut zugänglich, sodass man die Beetfläche selbst nicht betreten muss. Das Beet lässt sich so bis zur Mitte hin gut mit Rechen oder Hacke erreichen.

Zum Anbau steht die ganze Palette der Gemüsearten und -sorten zur Wahl. Am besten von allem etwas: ein paar Blattgemüse (Kopfsalat, Pflücksalat, Römischer Salat, Kohlrabi, Brokkoli usw.), ein paar Wurzelgemüse (Möhren, Rote Bete, Radies, Rettich usw.), ein paar Leguminosen (Erbsen, Buschbohnen, Stangenbohnen usw.), ein paar Fruchtgemüse (Gurken, Kürbisse, Tomaten, Paprika usw.). Die Geschmäcker und Bedürfnisse der Gartennutzer sind ja verschieden.

MODUL BEERENOBST		
	Min.	Max.
2 Johannisbeere, Strauch	4 kg	8 kg
2 Stachelbeere, Strauch	4 kg	6 kg
10 Himbeerpflanzen	4 kg	8 kg
3 m² Erdbeeren	4 kg	8 kg

MODUL GEMÜSE		
	Min.	Max.
3 m² Möhren	9 kg	15 kg
3 m² Zwiebeln	9 kg	15 kg
3 m² Kohlrabi, Brokkoli	6 kg	9 kg
3 m² Buschbohnen	1,5 kg	9 kg
3 m² Blattsalate, Mangold	3 kg	6 kg
3 m² Möhren, Rettich, Radies	3 kg	15 kg
3 m² Kopfkohl	12 kg	24 kg
3 m² Zucchini	30 St.	90 St.
10 m² Hokkaidokürbis	30 kg	45 kg
10 Tomatenpflanzen (im Tomatenhaus)	15 kg	30 kg

OBEN: Im luftigen Tomatenhaus wachsen Tomatenstöcke gesund heran und bringen gute Ernte.

Sie können jeweils ein Gemüse auf einem Beet anbauen oder auf dem Beet Mischkultur betreiben. Üblich ist eine Reihenmischkultur, wobei verschiedene Kulturen in Reihen nebeneinander gepflanzt sind. Klassisches Beispiel ist das Nebeneinander von Möhren und Zwiebeln bzw. den anderen Lauchgewächsen Knoblauch und Porree. Bei manchen Gemüsearten bietet es sich auch an, in der Reihe abwechselnd zu pflanzen, beispielsweise bei Kohlrabi und Salat oder bei Kohl und Sellerie.

■ **Beerenobst:** Erdbeeren laufen auf den Gemüse-Modulen mit. Erdbeerpflanzen bleiben zwei bis drei Jahre stehen. Dann sollte nach der Ernte die Kultur abgeräumt werden, weil die Pflanzen nicht mehr so viel Ertrag bringen. Vor dem Abräumen sollte man rechtzeitig Ableger machen und an anderer Stelle die Erdbeerkultur neu anlegen. Dabei den Fruchtwechsel einhalten: Erdbeeren dürfen erst nach vier Jahren wieder an dieselbe Stelle gepflanzt werden. Sie werden in der Reihe im Abstand von 25 bis 35 Zentimetern gesetzt; von Reihe zu Reihe sollte der Abstand 60 bis 90 Zentimeter betragen. Selbst vermehrte, gut bewurzelte Erdbeerpflanzen werden im Juli oder August direkt an Ort und Stelle gepflanzt. Getopfte Erdbeeren können auch etwas später oder erst im Frühjahr gepflanzt werden. Dann ist allerdings der Ertrag unter Umständen geringer: Die Blütenanlagen werden bereits im Herbst gebildet und damit wird der Fruchtertrag für das kommende Jahr angelegt.

■ **Tomaten:** Tomaten können ebenfalls auf einem Gemüsebeet im Freiland stehen. Besser ist es jedoch, sie geschützt vor Regen in einem speziellen Tomatenhaus anzubauen. Solche Tomatenhäuser mit einem Mantel aus Gitterfolie gibt es preisgünstig im Handel. Sie sind transportabel. Sie werden im Frühjahr aufgestellt und nach dem Abernten der Tomatenstöcke wieder weggeräumt. Tomatenhäuser lassen sich aus Holzlatten und Folie auch selbst bauen. Bei Kultur der Tomaten unter Dach ist die Gefahr, dass sie von der gefürchteten Pilzkrankheit Kraut- und Braunfäule befallen werden, nicht so groß. Außerdem sind die Tomatenstöcke in dem nach oben und nach drei Seiten geschlossenen Tomatenhaus vor Wind und Kälte geschützt. Bei sonnigem Wetter ist das Tomatenhaus nach Süden hin offen; bei Regenwetter und in der Nacht lässt man die wie ein Vorhang aufgerollte Folie einfach herunter oder öffnet die türartig angebrachten Folienteile.

Das hier aufgestellte Tomatenhaus bietet Platz für eine Reihe Tomatenpflanzen, die im Abstand von 50 bis 80 Zentimetern stehen. Generell tut es den Tomatenpflanzen gut, wenn sie reichlich Abstand zueinander und um sich herum haben. Sie dürfen möglichst nicht von oben vom Regen oder von Gießwasser befeuchtet werden. Erfahrene Tomatengärtner mulchen den Boden unter den Tomatenpflanzen, das heißt, sie decken mit organischen Materialien wie grob zerkleinerten Brennnesseln oder Comfrey (Beinwell) ab. Unter der Mulchdecke bleibt der Boden ausgeglichen feucht, sodass nicht so viel gegossen werden muss. Ein weiterer Vorteil des Mulchens ist, dass das Wasser beim Gießen oder bei Regenfällen nicht so sehr hochspritzt, sondern sanft in den Boden sickert.

- **Kompost:** In den Kompostbehältern werden sowohl Ernteabfälle (Möhrenlaub, Kohlrabiblätter, abgeschnittene Blumen usw.) als auch Küchenabfälle (rohe Kartoffelschalen, Kaffeesatz, Teebeutel, abgestorbene Zimmerpflanzen usw.) kompostiert. Es ist gut, zwei Kompostbehälter zu haben: einen zum Befüllen mit frischem Material, das möglichst klein geschnitten werden sollte, und den anderen zum Reifenlassen. Normalerweise ist ein Kompost, der aus verschiedenartigen organischen Abfällen zusammengesetzt ist, nach einem halben bis dreiviertel Jahr fertig. Das heißt, das in einem Jahr bis zum Herbst gesammelte Material steht ab dem späten Frühjahr als duftender, reifer Kompost bereit. Meistens muss das Grobe noch herausgesiebt werden.

Für erfolgreiches Kompostieren sollten Sie ein paar Grundregeln befolgen: Nie gekochte Küchenabfälle und Fleischreste auf den Kompost geben, auch kein verschimmeltes Brot. Damit würden schnell Ratten angelockt. Und unbedingt darauf achten, dass der Kompost nicht zu nass ist und nicht austrocknet, sonst laufen die Umsetzungsprozesse nicht richtig ab und es gibt keinen angenehm nach Walderde duftenden Humus. Tipps: Zum Schutz vor Nässe den Kompost abdecken und bei Trockenheit wässern. Eine weitere Grundregel ist, keine samentragenden Unkräuter auf den Kompost zu werfen, sonst verunkrauten die Beete durch die mit der Komposterde ausgebrachten Samen.

Gut eingeteilt:
Ein Mittelweg erschließt das Gartengelände.

Reihenhausgarten mit Weinpergola

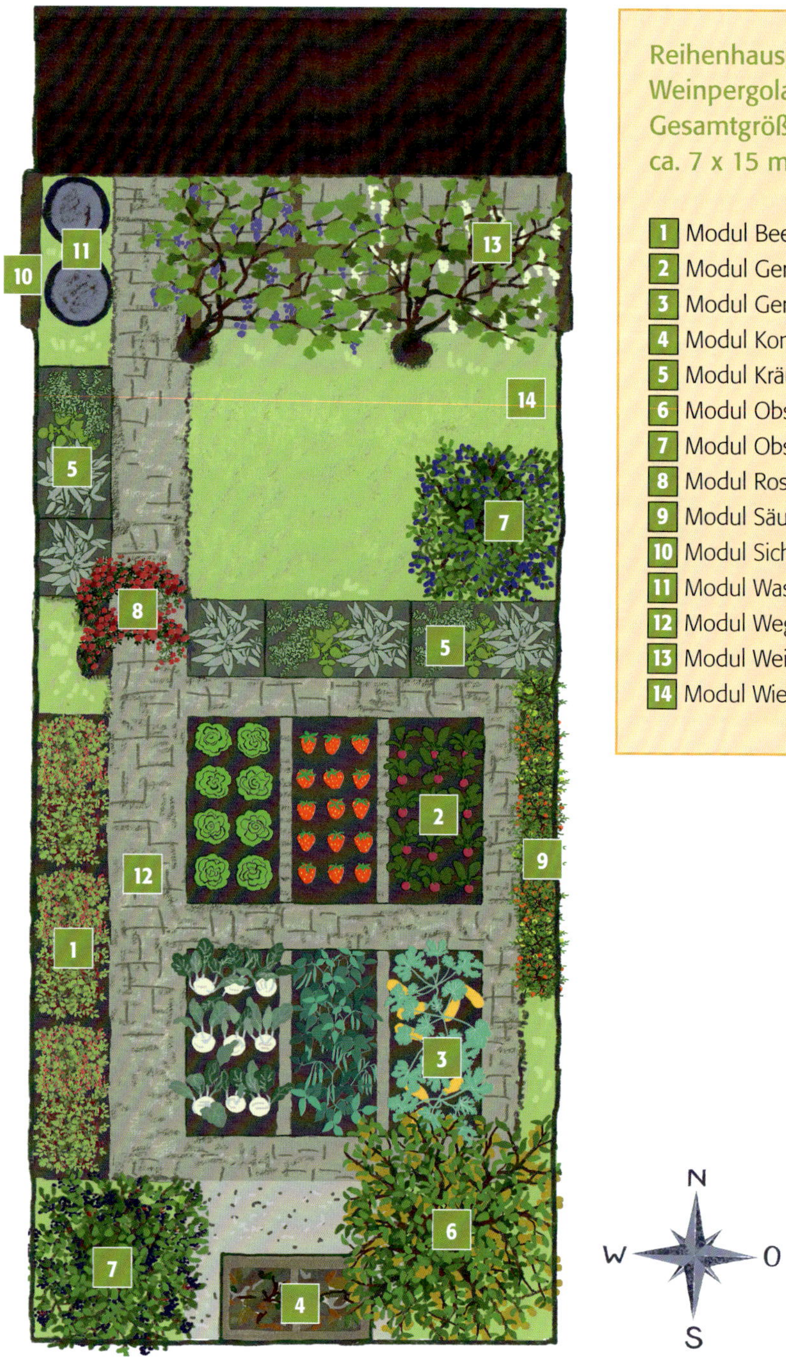

Reihenhausgarten mit Weinpergola Gesamtgröße: ca. 7 x 15 m = 105 m²

1 Modul Beerenobst
2 Modul Gemüse + Erdbeeren
3 Modul Gemüse
4 Modul Kompost
5 Modul Kräuter
6 Modul Obstbaum (groß)
7 Modul Obstbaum (klein)
8 Modul Rosenbogen
9 Modul Säulenobst
10 Modul Sichtschutz
11 Modul Wasserbehälter
12 Modul Wegefläche
13 Modul Weinpergola
14 Modul Wiese/Rasen

Ein kleiner Reihenhausgarten sollte zugleich wohnlich und gut nutzbar sein. Nutzpflanzen mit hohem Zierwert sind gefragt. Hier geht es besonders darum, die Fläche optimal zu nutzen. Kleinwüchsige Obstgehölze sowie Säulenobst und Beerenobst-Hochstämmchen, die die Vertikale erobern, bieten sich hier an.

Obst und Gemüse mit Zierwert

Eine gestalterisch ansprechende und praktische Lösung ist eine mit Weinstöcken bepflanzte Pergola, die die Terrasse überspannt. Im Windschutz des Gebäudes entwickeln sich die Wärme und Sonne liebenden Rebstöcke gut und liefern reichlich köstliche Trauben. An heißen Sommertagen und -abenden lässt es sich unter dem Weinlaub gut aushalten – ein lauschiges Plätzchen. Wüchsige Sorten wie 'Nero', 'Phoenix' oder 'Regent' begrünen Gartenlauben und Laubengänge im Nu.

■ **Weinrebe:** Durch geschickte Wahl der Sorten, zum Beispiel der bereits im August reifenden 'Bianca' (weiß), 'Lilla' (weiß), 'Boskoops Glorie' (blau) oder 'Muscat Bleu' (blau) und später reifenden Sorten wie 'Regent' (blau) oder 'Phoenix' (weiß), zieht sich die Traubenernte etwa ein Vierteljahr hin. Mit dem Ertrag von zwei bis drei Rebstöcken kann sich eine Familie gut selbst mit frischen Weintrauben versorgen. Zum Frischessen sind kernlose Trauben wie die blaue 'Boscoops Glorie', die weiße 'Lakemont' (= 'New York') oder die roséfarbenen Sorten 'Suffolk Red' und 'Vanessa' ideal. Bei einer sehr großen Traubenernte können überschüssige Trauben entsaftet und zu köstlichem Traubengelee weiterverarbeitet werden.

Die hier erwähnten Sorten gehören zur Gruppe der interspezifischen Reben, die gegen die gefährlichen Pilzkrankheiten Echter Mehltau (Oidium) und Falscher Mehltau (Peronospora) resistent sind. Die neuen Rebsorten besitzen auch Resistenzen gegen Grauschimmel *(Botrytis)*, Reblaus und Nematoden. Die außergewöhnlichen Eigenschaften der Reb-Neuzüchtungen kommen Biogärtnern entgegen, die keine synthetischen Spritzmittel einsetzen wollen. Gegen Vögel, die an den Beeren picken, oder Wespen, die über die süßen Beeren herfallen, sind jedoch auch diese Sorten nicht gefeit.

MODUL OBST	Min.	Max.
1 Quitte, Halbstamm	20 kg	40 kg
1 Zwetschge, Busch	10 kg	20 kg
1 Holunder	4 kg	8 kg
4 Apfel, Säule	12 kg	20 kg
2 Birne, Säule	6 kg	10 kg
2 Süßkirsche, Säule	6 kg	10 kg

MODUL BEERENOBST	Min.	Max.
4 Johannisbeere, Hochstämmchen	8 kg	16 kg
2 Stachelbeere, Hochstämmchen	3 kg	6 kg
2 Weinreben	20 kg	40 kg

MODUL GEMÜSE + ERDBEEREN	Min.	Max.
3 m² Blattsalate, Mangold	3 kg	6 kg
3 m² Möhren, Rettich, Radies	3 kg	15 kg
3 m² Kohlrabi, Brokkoli	6 kg	9 kg
3 m² Bohnen, Erbsen	1,5 kg	9 kg
3 m² Zucchini, Gurken	30 St.	90 St.
3 m² Erdbeeren	4 kg	8 kg

■ **Obst:** Auf der kleinen Grundfläche sollten Sie sich auf wenige nicht allzu hoch wachsende Obstgehölze beschränken, die dazu beim Blick aus dem Haus einen hohen Zierwert haben. Meine Empfehlung ist ein Quittenbaum. Er wächst schön und ziert im Frühjahr mit seinen großen, weit geöffneten hellrosafarbenen Blüten und im Herbst mit seinem gelben Fruchtschmuck. Sogar im Winter wirkt er mit seiner glattschaligen grauen Rinde. Platz findet auch noch ein kleiner Zwetschgen- oder Pflaumenbaum, der ebenfalls schön blüht und Sie mit vielseitig zu verwertenden Steinfrüchten versorgt.
Auf der kleinen Grundfläche ist es besonders wichtig, die Vertikale zu nutzen. Da bieten sich schlankwüchsige Säulenobstbäumchen an.

■ **Säulenobst:** Ein Säulenobstbaum wächst extrem schlank, da am Stamm nur wenige Seitenäste sitzen; bei manchen Sorten sitzen die Blätter und das Fruchtholz direkt am Stamm. In kleinen Gartenräumen kommen solche Mini-Baumgestalten auch als Gestaltungselemente zur Geltung. Diese Neuzüchtungen sind resistent gegen Pilzkrankheiten wie Mehltau und Schorf. Säulenäpfel sind meistens zum Sofortverbrauchen oder zum kurzfristigen Lagern bis etwa Weihnachten. Säulenapfelbäume werden im Abstand von etwa 50 Zentimeter gepflanzt, entweder in der Reihe oder versetzt. Sie eignen sich auch für die Kultur im Kübel zum Aufstellen auf Terrasse oder Balkon.

■ **Gemüse:** Beim Bestellen der Gemüse-Module gibt es mehrere Möglichkeiten: Die gesamte Beetfläche einheitlich mit einer Gemüseart oder durchgehend in Reihenmischkultur bebauen. Übersichtlicher ist es jedoch, wenn ein Gemüse-Modul in drei 1,2 Meter breite Beete unterteilt wird, mit zwei schmalen Trittwegen dazwischen. Auf diese Weise lassen sich mehr Kulturen unterbringen, was den Bedürfnissen eines normalen Haushalts entspricht.

Nutzen Sie die knapp bemessene Beetfläche für Erdbeeren und rasch wachsendes, feines Gemüse: für Salate, Rettich und Radieschen, Kohlrabi und Buschbohnen. Diese Gemüsearten beanspruchen nur jeweils wenige Monate lang den Platz von der Aussaat bis zur

Beliebte Säulenobstsorten von Apfel, Birne und Kirsche

Sorte	Beschreibung
Red River	Säulenapfel mit sehr großen, farbenfrohen Früchten, selbstfruchtbar, 3–4 Meter hoch wachsend
Coxcolumnar	Mit handlichen Äpfeln und dem typischen, feinwürzigen Cox-Orange-Geschmack, ca. 2 Meter hoch wachsend
Rhapsodie, Rondo, Sonate	Weitere handelsübliche Säulenapfelsorten
Pidi	Nur etwa 1,5 Meter hoch wächst die Zwerg-Säulenapfelsorte 'Pidi'
Ananasrenette	Die gelbfrüchtigen, nach Ananas duftenden Säulenäpfel sind bis Februar lagerfähig
Obelisk	Birne in Säulenform, deren saftige Früchte bis Januar lagerfähig sind
Sylvia	Die selbstfruchtbare Säulenkirsche wächst 3 bis 4 Meter hoch und liefert einen sicheren Ertrag an festen Süßkirschen. Sie braucht einen Pflanzabstand von 1 bis 1,5 Metern

Sauerkirsche, Pflaume, Zwetschge und Aprikose gibt es ebenfalls als Säulenform. Ausprobieren lohnt sich!

Ernte und ermöglichen Vor- und Nachkulturen. Für Aussaaten im Frühjahr und im Spätsommer nehmen Sie am besten frühe Sorten, die schnell erntereif werden. Mittelfrühe und späte Sorten entwickeln sich langsamer. Nach früh räumenden Kulturen wird auf dem Beet oder in der Reihe neu eingesät oder gepflanzt: Buschbohnen und Möhren, Endiviensalat oder Zuckerhutsalat. Nach der Ernte von Zwiebeln und Kartoffeln bietet sich die Aussaat von Feldsalat an – er kann noch bis Ende August gesät werden.

■ **Kräuter:** Einjährige Würzkräuter wie Bohnenkraut, Dill, Kerbel, Ringelblumen wachsen auf den Gemüsebeeten mit. Ein oder zwei Petersilienpflanzen passen noch an den Rand des Tomatenbeets.

Für die wichtigsten Küchen- und Teekräuter sollten Sie wenigstens ein paar gut besonnte Quadratmeter reservieren. Schnittlauch und Sauerampfer für die Salatsoße, Thymian und Ysop für pikante Zubereitungen und Salbei und Lavendel für den Tee gehören zum Grundbestand des Kräuterbeetes, in dem zudem ein paar Sommerblumen und Rosenstöcke ihren Platz finden. Zudem lässt sich der Platz unter Beerenobst-Hochstämmchen noch für Kräuteranbau nutzen. Besonders Kapuzinerkresse, Ringelblumen und Minzen gedeihen hier gut.

An einer Weinpergola wachsen einem die Trauben fast in den Mund.

Vorgarten mit Obst und Zwerghühnern

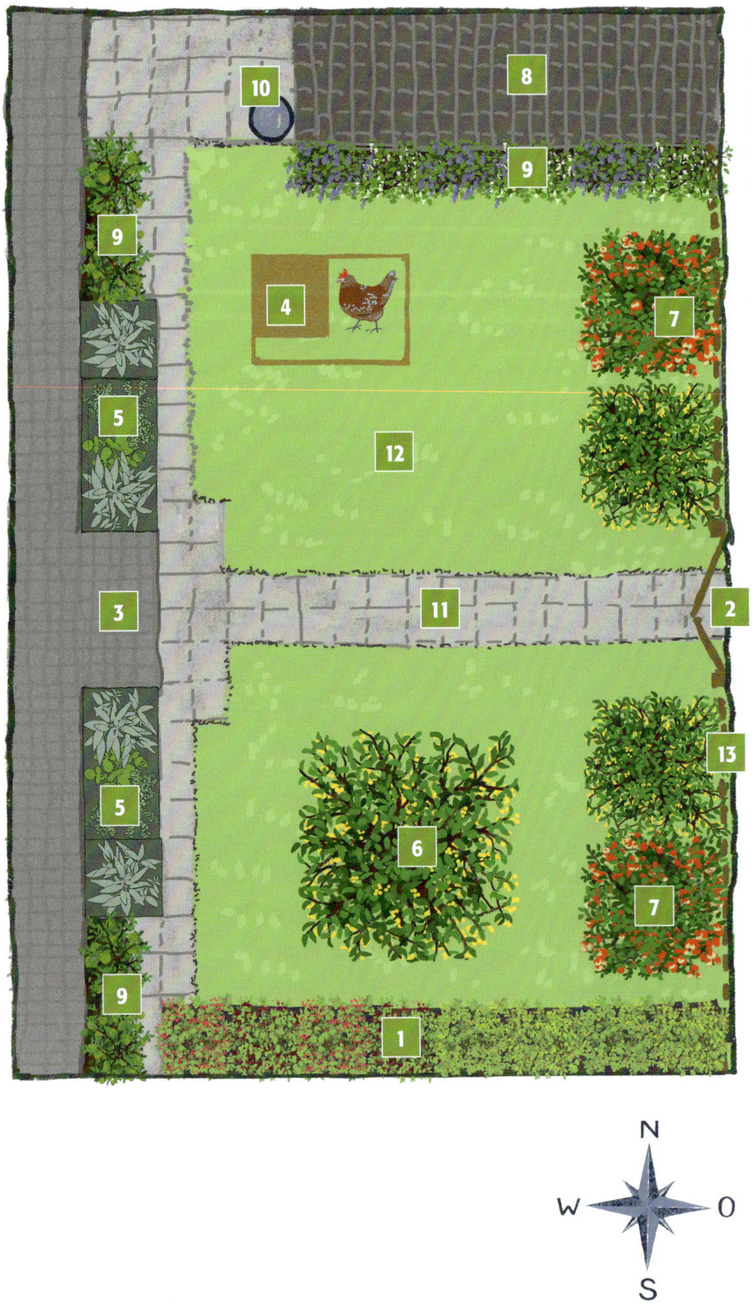

Vorgarten mit Obst und Zwerghühnern
Gesamtgröße:
ca. 9 x 12 m = 108 m²

1 Modul Beerenobst
2 Modul Gartentor
3 Modul Hauseingang mit Vordach
4 Modul Geflügelhaltung
5 Modul Kräuter
6 Modul Obstbaum (groß)
7 Modul Obstbaum (klein)
8 Modul Schuppen
9 Modul Spalierobst
10 Modul Wasserbehälter
11 Modul Wegefläche
12 Modul Wiese/Rasen
13 Modul Zaun

Auf manchen Grundstücken bietet es sich an, den Vorgarten als Nutzgartenteil dem Wohngarten auf der Rückseite des Hauses vorzuziehen. Die zur Straße gewandte Gartenseite ist oft besser belichtet und damit besser für Pflanzenbau geeignet als die geschützte und von Gehölzen beschattete Rückseite. Warum also mal nicht etwas unorthodox vorgehen und den Eingangsbereich des Hauses mit Nutzpflanzen gestalten?

Fassadenbegrünung mit Obstgehölzen

Es lässt sich beispielsweise leicht verwirklichen, die Fassade mit kletternden Obstgehölzen zu begrünen. An nach Süden exponierten Fassaden stehen am besten Weinreben oder Spalierbirnen.

■ **Spalierobst:** An der in diesem Beispiel nach Osten gerichteten Hausfassade gedeihen Stachelbeerkiwis *(Actinidia arguta)* hervorragend. Im Gegensatz zu den großfrüchtigen Kiwis halten Stachelbeerkiwis Frost bis minus 20 °C problemlos aus. Es gibt zahlreiche Sorten mit walzenförmiger oder runder Form, grün-, braun- oder rotschalig. Immer süß und aromatisch. Die Stachelbeerkiwi ist eigentlich zweihäusig, d. h. man braucht eine weibliche und eine männliche Pflanze. Neuere Züchtungen sind selbstfruchtbar, sodass Sie mit einer Pflanze auskommen. Stachelbeerkiwis brauchen eine Kletterunterlage aus dünnen Drähten oder Stäben, an der sie sich in die Höhe schlingen können. Sehr raschwüchsig ist die Sorte 'Weiki', die auch als Bayernkiwi bekannt ist. Die Früchte reifen spät im Oktober oder November. Ab dem zweiten oder dritten Standjahr können Sie mit den ersten Früchten rechnen. Den vollen Ertrag von etwa sechs Kilogramm bringt der Strauch ab dem fünften Standjahr (aber nicht in jedem Jahr). Die Früchte halten sich bei kühler Lagerung monatelang frisch. Sie sind anders als die aus dem Laden bekannten Kiwis mit Schale genießbar, so wie Stachelbeeren eben. Und genauso werden sie verarbeitet: für köstliche Kuchen oder für Marmelade und am besten frisch direkt vom Strauch.

■ **Obst:** Bei knapper Fläche sind Obstgehölze auf schwach wachsender Unterlage und mit kleinwüchsiger Erziehungsform die Wahl. Spindelbüsche von Apfel und Birne sowie Säulenäpfel und -pflaumen (siehe auch S. 56) liefern eine große Ernte auf kleiner Fläche. Erfahrungsgemäß schwanken die Erträge beim Obst stark. In manchen Jahren brechen die Kronen und Äste unter der Last der Früchte fast ab, in anderen Jahren erfrieren durch Spätfröste viele Blüten, sodass es nur wenig oder gar kein Obst gibt. Da muss man sich in guten Jahren durch Konservieren der Früchte für die mageren Jahre vorsorgen.

RECHTS: Stachelbeerkiwis gedeihen auch in kühlem Klima problemlos am Spalier.

Ein größerer Baum sollte als eine Art Hausbaum in jedem Garten stehen – er steht jeder Fassade gut. Deshalb sollten Sie bewusst auswählen: einen veredelten Nussbaum, eine Quitte, oder – als Rarität – eine Reneklode ('Große Grüne Reneklode') oder eine Mirabelle ('Mirabelle von Nancy'). Deren köstlich schmeckenden, saftigen Steinfrüchte sind wunderbar zum Frischessen und zum Konservieren.

■ **Beerenobst:** Auf der den Blicken der Öffentlichkeit zugewandten Gartenseite soll es repräsentativ aussehen. Da sind Hochstämmchen von Johannisbeeren

Zwerghühnern genügt ein mobiles Hühnerhaus im Garten als Nachtquartier.

und Stachelbeeren eine gute Wahl. Die können es an Zierwert mit Rosenhochstämmchen aufnehmen. Johannisbeersträucher tragen zudem schönes Blattwerk, das sich im Herbst gelb und rot verfärbt und lange haften bleibt.

In guten Jahren tragen die Sträucher viel; die Äste biegen sich dann unter der Last. Damit die kopflastigen Hochstämmchen nicht unter der Last zusammenbrechen oder Äste abknicken, brauchen sie eine stabile Stütze, entweder einen dicken Pflock, der bereits beim Pflanzen mit eingeschlagen wird und bis in die Krone reicht, oder ein Stützgerüst aus drei Pflöcken mit oben angenagelten Querlatten.

■ **Hühner:** Warum nicht Hühner im Vorgarten auf der Wiese spazieren lassen? So freuen sich nicht nur die Hausbewohner an Hennen und Hahn, sondern auch die Zaungäste. Zwerghühner brauchen weniger Grundfläche als die größeren Wirtschaftsrassen. Sie brauchen nicht unbedingt einen festen Stall. Ihnen genügt ein mobiles Hühnerhaus, in dem sie alles finden, was sie brauchen: Legenester, Sitzstange, Tränke und Futterquelle. Solche Hühnerhäuser können im Handel gekauft werden. Wer handwerkliches Geschick hat, kann sie auch selbst bauen. Wichtig ist, dass genügend Licht in den Innenraum fällt – eine wichtige Vorbeugung vor Parasitenbefall. Richtwert: 1 Quadratmeter Grundfläche reicht für vier Hühner. Ein angebautes Gehege hält die kleine Hühnerschar zusammen. Das Hühnerhaus auf Rädern brauchen Sie nur in kurzem Turnus an eine andere Stelle zu rollen, sodass die Grasnarbe sich an der Stelle, an der die Hühner gepickt und gescharrt haben, wieder regenerieren kann.

»Zwerghühner« sind keine Hühnerrasse. Es sind entweder von Natur aus kleinwüchsige Rassen wie Bantam oder es sind auf Kleinwüchsigkeit gezüchtete normale Hühnerrassen mit ausgewogenen Proportionen. So gibt es Zwerg-New-Hampshire, Zwerg-Rhodeländer, Zwerg-Sussex, Zwerg-Wyandotten und viele andere.

Mit der Haltung von Zwerghühnern umgeht man einen Konflikt bei der Haltung größerer Hühner – da diese kaum Fleisch haben, sind sie nichts für den Suppentopf. Für die ihnen entsprechenden Haltungsbedingungen bedanken sich die Hühner mit einer guten Legeleistung Bis zu 180 Eier legen Zwerghühner im Jahr, bei einem beachtlichen Gewicht von bis zu 60 Gramm pro Ei.

■ **Kräuter:** Etliche Heil- und Würzkräuter passen auch in einen repräsentativen Vorgarten. Vor allem Halbsträucher wie Gartensalbei oder Lavendel wirken wie Zierpflanzen. Weitere Lippenblütler wie Dost und Ysop gehören mit ins Beet. Beide Arten blühen erst ab Juli und sind für Honigbienen eine späte Nahrungsquelle. Schmetterlinge locken sie ebenfalls wie magnetisch an.

MODUL TIERE

	Min.	Max.
Pro Zwerghuhn	bis ca.180 Eier	

MODUL OBST

	Min.	Max.
4 Apfel, Spindelbusch	40 kg	60 kg
4 Birne, Spindelbusch	40 kg	60 kg
1 Reneklode, Halbstamm	25 kg	50 kg

MODUL BEERENOBST

	Min.	Max.
4 Johannisbeere, Hochstämmchen	8 kg	16 kg
2 Stachelbeere, Hochstämmchen	3 kg	6 kg
2 Kiwi am Spalier	6 kg	12 kg
1 Weinrebe	10 kg	20 kg

Ackerparzelle oder Krautgarten zum Mieten

Ackerparzelle oder Krautgarten zum Mieten – Gesamtgröße: 10 x 12 m = 120 m²

1 Modul Blumen
2 Modul Feld
3 Modul Gemüse
4 Modul Wegefläche

Auf dem Land gibt es eine solche Form der Landnutzung in Form der sogenannten Krautgärten schon lange. Doch auch am Rand der großen Städte bieten Landwirte und Gärtner seit einiger Zeit Ackerparzellen in Pacht an. Greifen Sie zu, wenn sich Ihnen die Möglichkeit bietet, eine solche Parzelle zu pachten, denn auf freiem Feld wachsen viele Gemüsearten und Feldkulturen besser als auf geschützt liegenden Gartengrundstücken, vor allem die Hackkulturen Möhren und Zwiebeln.

Parzelle zur zeitweisen Nutzung

Der kleine Acker ist nicht eingezäunt. Die Fläche wird jedes Jahr nach der Ernte umgepflügt oder umgegraben und im Frühjahr neu abgesteckt, eingeebnet und neu bestellt. Eine Möglichkeit ist, auf der ganzen Fläche arbeitssparend und rationell Kartoffeln zu legen. Aber viel interessanter ist es, verschiedene Feldfrüchte anzubauen und sich mit diesen weitgehend selbst zu versorgen.

Stecken Sie die Beetflächen für die einzelnen Module ab und sehen Sie schmale Trittwege als Abstandsflächen vor. Nach dem Modul-System haben sechs je zehn Quadratmeter große Beete auf der Fläche Platz.

■ **Feldfrüchte:** Sehen Sie ein Feld für Sommergetreide vor. Fürs Brotbacken wählen Sie am besten Weizen. Gesät wird im März oder April, je nach Klimalage. Getreide keimt übrigens schon bei niedrigen Temperaturen von 2 bis 4 °C, sodass Sie früh in der Vegetationsperiode säen können. Mais wird dagegen erst Ende April gesät, da er mindestens 8 °C zum Keimen braucht. Die optimale Keimtemperatur liegt bei 12 bis 15 °C. Die Aussaat kann breitwürfig geschehen oder etwas exakter in 2 bis 3 Zentimetern tief gezogenen Saatrillen.

Für einen Quadratmeter Feld brauchen Sie etwa 300 Getreidekörner. Die Rillen sollten einen Abstand von etwa 15 Zentimeter zueinander haben, also so weit auseinanderliegen, dass Sie mit der Hacke gut zwischen den Reihen arbeiten können, bis der Bestand schließt. In den Rillen die Körner mit dem Rechenrücken festklopfen und mit dem Rechen zuziehen. Bei breitwürfiger Saat das Saatbett mit den Füßen leicht festtreten. Getreide ist übrigens hart im Nehmen: Das Saatbett braucht nicht besonders fein zu sein. Es reicht, grobe Schollen zu zerkleinern und mit dem Rechen einzuebnen.

RECHTS: Mais vom Mini-Acker: Zuckermais für die Verwendung in der Küche, Körnermais für die Tiere.

Düngen Sie Getreide vor der Saat. Während des Wachstums ist keine zusätzliche Düngung nötig. Getreide braucht nicht viel Pflege, zumindest nicht, wenn wir es im kleinen Maßstab anbauen. Nach dem Keimen, das die Landwirte als »Auflaufen« bezeichnen, muss man allerdings zwischen den Reihen hacken, um das reichlich sprießende Unkraut zu beseitigen. Klettenlabkraut oder Kamille sollen die Getreidepflanzen nicht bedrängen und den Ertrag schmälern. Mais müssen Sie in der Anfangsphase ebenfalls von Unkraut freihalten. Ab Juli unterdrückt das dichte Blätterdach des Maises selbst wirkungsvoll das Unkraut.

Ein kleines Feld mit Getreide – zum Experimentieren für Selbstversorger.

Ansonsten überlassen wir unser Feld den atmosphärischen Einflüssen und hoffen, dass es genügend, aber nicht zu viel regnet, dass die Sonne kräftig scheint und dass es nicht zu sehr windet. Dann dürfte einer guten Ernte nichts im Wege stehen. Die Ernte sollte im Juli oder August bei trockenem Wetter geschehen. Danach ist noch Zeit für eine Gründüngungssaat.

Nicht nur die Körner, auch das Stroh ist als Einstreu im Hühnerstall oder bei anderen Tieren sowie zum Mulchen bei Erdbeeren und unter Beerensträuchern nützlich.

Ein weiteres Feld wird mit Mais bestellt. Nehmen Sie entweder normalen Körnermais zum Verfüttern an Kleintiere oder Zuckermais für den eigenen Verbrauch. Pro Quadratmeter können Sie mit 8 bis 12 Maisstängeln rechnen, die jeweils 1 bis 2 Kolben tragen.

Ein oder zwei Felder sind für Kartoffeln reserviert. Es ist sinnvoll, verschiedene Sorten zu legen: Eine festkochende Salatkartoffel, eine vorwiegend festkochende und eine mehlige Sorte oder was Sie sonst zum Kochen brauchen.

Kürbispflanzen brauchen viel Platz. Deshalb sind sie auf dem Acker gut aufgehoben. Hier können sie sich in alle Richtungen ausbreiten. Es stört nicht, wenn sie die Trittwege überwachsen. Rechnen Sie für 10 Quadratmeter mit 5 bis 7 Pflanzen Hokkaidokürbis. Andere Kürbissorten benötigen eventuell mehr oder weniger Platz.

■ **Gemüse:** Ein weiteres Feld sollten Sie mit robusten Gemüsearten bestellen. Möhren, Zwiebeln und Kopfkohlarten wachsen auf freiem Feld besser als im Garten, weil hier ein ständiger Luftzug herrscht, der Schädlinge wie die Möhrenfliege vertreibt.

■ **Blumen:** Zur Abgrenzung des Mini-Ackers bietet es sich an, schmale Streifen am Rand mit Blumen einzusäen. Dafür eignen sich solche Arten, die direkt in die Erde gesät werden können. Das sind beispielsweise Ringelblume, Sonnenblume, Phazelie, Borretsch und Dill. Deren Blüten locken in der Feldflur Insekten und Schmetterlinge an und bereichern so das Ökosystem Feld. Ganz nebenbei sorgen Sie so für eine natürliche Schädlingsregulierung.

■ **Bodenbearbeitung und Gründüngung:** Wenn im Spätherbst alles abgeerntet ist, wird die ganze Fläche umgegraben oder gepflügt. Das Umgraben ist nötig, um den Boden zu lockern, gleichzeitig dient es der Unkrautbekämpfung. Nur auf sehr leichten Böden kann man eventuell darauf verzichten. Auf die offen daliegenden Schollen wirkt der Frost ein und macht sie mürbe. Der Boden lässt sich dann im Frühjahr leicht bearbeiten und das Saatbett bereiten. Alternativ zum Umgraben kann man den Boden auch grün in den Winter gehen lassen, also eine Gründüngung einsäen. Da muss man sich allerdings beeilen, denn der letzte Aussaattermin für Gelbsenf ist Anfang September. Spätere Einsaaten entwickeln sich nicht mehr richtig.

MODUL FELD

	Min.	Max.
10 m² Winter-Weizen oder Winter-Roggen	5 kg	10 kg
10 m² Körnermais	10 kg	20 kg
10 m² Kartoffeln	20 kg	40 kg
10 m² Hokkaidokürbis 'Uchiki Kuri'	30 kg	45 kg
10 m² Phazelie		

MODUL GEMÜSE

	Min.	Max.
3 m² Kopfkohl	12 kg	24 kg
3 m² Zwiebeln	9 kg	15 kg
3 m² Möhren	9 kg	15 kg

Experimentiergarten für einen Sortensammler

Experiementiergarten für einen Sortensammler – Gesamtgröße: ca. 15 x 10 m = 150 m²

1 Modul Blumen
2 Modul Gartentor
3 Modul Gemüse
4 Modul Kleingewächshaus
5 Modul Kompost
6 Modul Kürbis
7 Modul Obstbaum (groß)
8 Modul Scheune
9 Modul Tomatenhaus
10 Modul Wasserbehälter
11 Modul Wiese/Rasen
12 Modul Zaun, berankt mit Bohnen

Was tun mit einer Scheune und angrenzender Wiese? Einen Garten anlegen, und zwar nicht irgendeinen Garten, sondern einen für Sortenraritäten. Der Garten ist rundum mit einem einfachen hohen Maschendrahtzaun umgrenzt. Der Zaun ist zum Schutz vor Wildtieren und frei laufenden Hunden nötig. Er kann bei Bedarf versetzt werden. Durch ein zweiflügeliges Tor ist der Garten gut von außen zugänglich, um zum Beispiel Mist oder Baumaterialien gut in den Garten transportieren zu können. – Ein funktionaler Garten ohne Drumherum; hier kommt es nicht auf ausgeklügelte Gestaltung an, sondern auf den Anbauerfolg in Form reicher Ernte von Fruchtgemüse.

Ein funktionaler Garten

Tomaten und Paprika erwecken Sammelleidenschaften. Kein Wunder bei den vielen tausend Sorten, die potenziell zum Anbau zur Auswahl stehen. Für einen echten Tomaten- oder Paprikafan sollten es schon ein paar Dutzend Sorten sein, eher mehr. Da darf man nur den Überblick nicht verlieren und sollte alle Pflanzen von der Aussaat an immer gut etikettieren und über den Anbau und die Ernte Buch führen. Die Sammelleidenschaft umfasst oft auch andere Gemüsearten. Deshalb gibt es auch zwei Gemüsemodule im Freiland, für Kürbisse und Zuckermais. Am Maschendrahtzaun ranken Feuerbohnen und Stangenbohnen.

■ **Kleingewächshaus:** In diesem Garten liegt das Schwergewicht auf den Fruchtgemüsen. Damit diese guten Ertrag bringen, muss der Standort sonnig und warm sein. Tomaten also, wenn möglich, im Gewächshaus oder unter einer Bedachung anbauen. Tomaten müssen vor Feuchtigkeit geschützt werden. Sonst ist die Gefahr, dass sie von der Kraut- und Braunfäule befallen werden, sehr groß. Und die ganze Mühe der Anzucht war umsonst.

Paprika und Auberginen sowie Schlangengurken brauchen ebenfalls viel Wärme und stehen am besten im Gewächshaus. Mit zwei Kleingewächshäusern mit etwas unterschiedlicher Temperaturführung und Belüftung ist die Selbstversorgung mit Fruchtgemüsen leicht möglich.

■ **Tomaten:** Bei Tomaten haben Sie die Qual der Wahl zwischen Hunderten, ja Tausenden Sorten in vielen Wuchsformen, Fruchtgrößen, -farben und vielfältigen Geschmacksnuancen. Wenn Sie nur wenige Stöcke pflanzen können, fällt die Entscheidung umso schwerer. Nehmen Sie zum frischen Verzehr und für die Vorratshaltung jeweils ein paar Cocktail- und Cherrytomaten, normale Stabtomaten, Fleischtomaten und Romatomaten. Umso besser, wenn Sie noch Platz für ein paar Sortenraritäten wie beispielsweise die

RECHTS: Bei tausenden Tomatensorten schlägt Sammlern das Herz höher!

fruchtig-säuerlich schmeckende Sorte 'Grünes Zebra' mit gelb-orange-grüner Flammung oder die sehr süße, schnittfeste 'Braunrote Russische' haben. Wenn Sie im Freiland anbauen, sollten Sie Sorten auswählen, die widerstandsfähig gegen die Kraut- und Braunfäule sind, beispielsweise 'Philovita F1' oder 'Phantasia F1'. Bei Gewächshauskulturen kommt es auf die Widerstandsfähigkeit gegen Samtfleckenkrankheit (Cladosporium) an. Im Gewächshaus lohnt sich auch der Anbau von veredelten Tomaten, bei denen die Edelsorte auf eine Wildtomatenunterlage gepfropft ist. Veredelte Tomaten sind in lange genutzten Gewächshäusern deutlich wüchsiger und bringen mehr Ertrag als auf ihren eigenen Wurzeln wachsende Pflanzen.

Für Topfkultur sind Buschtomaten oder Balkontomaten ideal, zum Beispiel 'Hoffmanns Rentita'. Diese Sortentypen wachsen nur begrenzt in die Höhe und brauchen keinen langen Stab. Man braucht sie zudem nicht auszugeizen (siehe übernächster Abschnitt).

MODUL KLEINGEWÄCHSHAUS

	Min.	Max.
16 Tomatenpflanzen	24 kg	48 kg
12 Paprikapflanzen	18 kg	30 kg
2 Schlangengurken, veredelt	8 kg	16 kg

TOMATENHAUS UNTERM DACH

	Min.	Max.
8 Pflanzen	12 kg	24 kg

MODUL FELD

	Min.	Max.
10 m² Hokkaidokürbis	30 kg	45 kg
10 m² Zuckermais	10 kg	20 kg

Doch damit der Vorüberlegungen noch nicht genug: Auch die Reifezeit spielt eine entscheidende Rolle. Bei kurzer Vegetationsperiode in Gebirgslagen sollten Sie frühe Sorten wählen, die früh blühen und verhältnismäßig schnell Früchte tragen, zum Beispiel 'Matina', 'Diplom F1', 'Harzfeuer F1', 'Hildares' und 'Frühzauber'. Dagegen reifen Fleischtomaten langsam und spät. Sie bringen deshalb nur in sehr mildem Klima oder im Gewächshaus einen zufriedenstellenden Ertrag. Für Weinbauklima empfiehlt sich die sehr widerstandsfähige, spät reifende Baumtomate 'De Berao 2' mit flaschenförmigen Früchten.

Und schließlich sollten Sie sich auch noch überlegen, ob Sie selbst Saatgut ernten wollen. Dann müssten Sie eine samenechte Sorte wählen und keine Hybridsorte. Sie können Tomaten entweder selbst säen (Ende Februar bis spätestens etwa 20. März) oder Tomatenjungpflanzen zukaufen. Tomatenpflanzen sollten vorsichtshalber erst nach den Eisheiligen Mitte Mai ins Freie gepflanzt werden, im Gewächshaus schon etwas früher. Fürs Auspflanzen ins Freie einen warmen, windstillen Tag wählen, an dem der Himmel bedeckt ist. Mit weitem Abstand von etwa 80 Zentimetern in der Reihe pflanzen, sodass die Stöcke nach allen Seiten hin gut Platz haben. Gleichzeitig mit dem Pflanzen setzen Sie den etwa 1,5 Meter langen Stab, Spiralstab oder Pflock, um die Tomaten daran anzubinden oder in die Höhe leiten zu können.

In der Regel lässt man nur einen Trieb in die Höhe wachsen. Bei wüchsigen Sorten auch zwei. Ansonsten ist es wichtig, alle Achseltriebe mit den Fingern auszubrechen. Man sagt dazu »ausgeizen«. Ziel ist, dass Licht und Luft in die Pflanzen gelangt. Niedrige Buschtomaten und Balkontomaten müssen weder ausgegeizt noch entgipfelt werden.

Tomaten sind Nährstoffräuber, die organischen Dünger wie Kompost sehr gut verwerten. Sie profitieren zudem vom Mulchen mit Blättern, Rasenschnitt und anderem organischen Material. Unter der Mulchschicht bleibt der Boden gleichmäßig feucht.

Ernten Sie Tomaten möglichst vollreif. Von zwei Pflanzen pro Quadratmeter darf man 3 bis 6 Kilogramm Früchte erwarten. Grün geerntete, gesunde Tomaten reifen im Haus gut nach. Die Früchte einzeln nebeneinander auf ein Tablett oder in eine Schachtel legen und kühl und dunkel stellen.

Lagern Sie reife Früchte nie im Kühlschrank, vielmehr bei Zimmertemperatur oder etwas darunter, bei 13 bis 18 °C. Nur dann entfalten sie ihr volles Aroma.

■ **Paprika:** Säen Sie Paprika und Peperoni ab Ende Februar bis März einzeln in mit Aussaatsubstrat gefüllte Töpfchen und stellen Sie diese im Haus bis zur Keimung warm. Der beste Pflanztermin für selbst gezogene und gekaufte Jungpflanzen ist, wenn die ersten Blütenknospen sichtbar sind. Da Paprika erst bei einer Temperatur über 14 °C gut wachsen, gelingt die Kultur am sichersten im Gewächshaus. Hier sollten Sie jedoch besonders auf Schädlinge achten. Blattläuse, Weiße Fliegen und Spinnmilben gefährden die Paprikakulturen.

In einer warmen Gegend kann die Kultur auch im Freiland (ab Mitte/Ende Mai) gelingen. Geben Sie den Pflanzen reichlich Platz mit einem Abstand von 40 x 40 oder 50 x 50 Zentimetern, sodass sie buschig wachsen. Paprikapflanzen brauchen Sie nicht auszugeizen. Am besten wachsen Paprika zwischen 18 und 22 °C mit Schwankungen zwischen Tag- und Nachttemperaturen. Bei einer Temperatur von 30 °C und darüber werfen Paprikapflanzen Knospen, Blüten und junge Früchte ab.

Stangenbohnenanbau – hoher Ertrag an eiweißreichen Hülsen garantiert.

Ein Garten mit Grünzeug und Beeren für Smoothies

Ein Garten mit Grünzeug und Beeren für Smoothies – Gesamtgröße: ca. 14 x 13 m =182 m²

- 1 Modul Beerenobst
- 2 Modul Blumen
- 3 Modul Gemüse
- 4 Modul Gemüse + Erdbeeren
- 5 Modul Kompost
- 6 Modul Kräuter
- 7 Modul Obstbaum (klein)
- 8 Modul Rhabarber
- 9 Modul Schuppen
- 10 Modul Spalierobst
- 11 Modul Terrassendeck
- 12 Modul Wiese/Rasen

In diesem Garten muss alles frisch sein, für gesunde grüne Drinks und angenehm obstige Smoothies. Das Gartengrundstück liefert reichlich Blattwerk und Früchte. Idealerweise lassen sich die Drinks in der Mini-Freiluftküche zubereiten und genießen. Einige Frauen teilen sich diesen Garten und bewirtschaften ihn gemeinschaftlich. Sie treffen sich zu Arbeitseinsätzen, aber auch zum Feiern und Genießen auf dem Holzdeck der Terrasse unter dem Sonnensegel.

Exotisches Obst, das wenig Arbeit macht

Der Garten kann ein »echter« Kleingarten in einem Kleingartengelände sein, Teil eines Einfamilienhausgrundstücks oder als »Garten im Garten« auf einem größeren Gelände liegen. Der Garten liefert exotisches Obst zum frisch Genießen und traditionelles Beerenobst für die Vorratshaltung.

Auf den Gemüsemodulen wächst genügend Gemüse für Salate und Smoothies heran. Und natürlich Kräuter – als Wildgemüse, zum Würzen und für Tees.

■ **Obst:** Die Idee ist, in diesem Garten exotische Obstgehölze zu kultivieren, deren Früchte im Handel kaum zu bekommen oder teuer sind. Außerdem sollen die Gehölze schnell Ertrag bringen und leicht zu pflegen sein. Das heißt: kein Schnitt, kein Stützen und Binden, sondern einfach so vor sich hin wachsen lassen, sodass Sie – ein wenig wie im Schlaraffenland – nur zu ernten brauchen. Auf Apfelbeere, Felsenbirne, Kulturheidelbeere, Indianerbanane und Goji-Beere fällt die Wahl.

Die aus dem östlichen Nordamerika stammende Apfelbeere *(Aronia melanocarpa)* ist sehr frosthart und robust. Der Strauch gedeiht am besten auf saurem, leicht feuchtem Boden. Er hat die Vorzüge, dass er nicht geschnitten werden muss und schnell Ertrag bringt. Die violett-schwarzen, wachsartig bereiften Beeren reifen zwischen August und September. Ihr Fruchtfleisch ist innen rot. Die Beeren sollten Sie rechtzeitig ernten, bevor die Vögel sie abpicken. Gängige Sorten im Handel sind 'Nero' oder 'Viking'. Sträucher, die auf Ebereschenunterlage veredelt sind, sind wüchsiger als wurzelechte.

RECHTS: Das Blattgemüse Guter Heinrich lässt sich in der Wildgemüseküche vielseitig zubereiten.

Die herben Beeren lassen sich mixen oder entsaften und zu Gelee, Saft oder Likör weiterverarbeiten. Desserts mit Joghurt oder Quark bekommen durch Apfelbeere-Fruchtfleisch eine besondere Note. Die Früchte enthalten viel Anthocyan und färben sehr stark.

Die aus Nordamerika stammende Kulturheidelbeere *(Vaccinium corymbosum)* ist ein dekorativer Strauch mit hübschen Blüten und interessanter Blattfärbung im Herbst. Je nach Sorte sind die Sträucher nur 30 Zentimeter (z. B. 'Top Hat') oder 2 Meter (z. B. 'Blue Crop') hoch. Für eine erfolgreiche Kultur müssen unbedingt die Bodenansprüche beachtet werden: Kulturheidelbeeren brauchen »sauren« Boden; in den meisten Regionen Deutschlands sind die Böden jedoch eher »neutral« oder sogar »alkalisch«. Pflanzen Sie die Sträucher deshalb unbedingt in ein saures Substrat – in spezielle gekaufte Moorbeeterde, wie sie auch für Rhododendren genommen wird. Damit die Pflanzen gut blühen und fruchten, bekommen sie einen speziellen Heidelbeerdünger. Die blauschwarzen Beeren reifen von Juli bis August – und sind frisch, als Saft, als Wein, in Desserts und auf Kuchen ein Genuss.

Und warum nicht einmal die Felsenbirne (*Amelanchier canadensis)* anbauen und wohlschmeckende Früchte ernten? Eigentlich ein Zierstrauch, der in die Riege der Obstgehölze aufgerückt ist und neuerdings »Rosinenbaum« heißt. Dieser Strauch zieht im Frühjahr mit seinem weißen Blütenschmuck die Blicke auf sich, ebenso im Herbst, wenn sich die Blätter kupfern färben. Die Früchte enthalten kaum Säure und schmecken deshalb süßer als die meisten anderen Früchte. Die tief blauvioletten Beeren reifen von Juni bis Juli. Sie ähneln in Größe und Form den Heidelbeeren. Die etwas mehligen Beeren schmecken roh, getrocknet, im Joghurt, im Müsli oder als Gelee, sogar völlig zuckerfrei. Da die

LINKS: Die Apfelbeere *(Aronia)* liefert einen guten Ertrag an dunklen, anthocyanreichen Früchten.

Früchte sehr gut gelieren, braucht man kein Geliermittel zu verwenden.

Die experimentierfreudigen Gärtnerinnen wagen sich auch an den Bocksdorn *(Lycium barbarum)*, der als Goji-Beere seit einigen Jahren in der Gesundheitsszene Karriere macht. Das anspruchslose Gehölz wächst strauchförmig 1,5 bis 2 Meter hoch mit bogig überhängenden Zweigen. Sogar auf sandigem Boden und auf Geröll gedeiht der Strauch. Die Wildform treibt Ausläufer, die Kulturformen kaum. Der Strauch blüht und fruchtet am einjährigen Holz; ab Juni erscheinen die gestielten, trichterförmigen, purpurvioletten Blüten des Nachtschattengewächses. Je nach Sorte beginnt die Ernte Anfang Juli und dauert bis zum September. Nach der Ernte im Spätherbst bzw. Winter wird der einjährige Austrieb zurückgeschnitten.

Die roten Bocksdornfrüchte ähneln Peperonifrüchten. Die vitamin- und mineralstoffreichen (Vitamin C, Carotinoide, Eisen) Beeren schmecken herb; die der Wildformen sind kaum genießbar, deshalb sollten Sie unbedingt eine Kultursorte pflanzen. Dabei gibt es zwei Sortengruppen, einmal solche mit orangefarbenen, ovalzylindrischen Früchten, die innen teils hohl sind (sehr ähnlich wie Peperonifrüchte). Diese schmecken mild und lassen sich roh verzehren. Als beste Sorte gilt 'Turgidus', deren süße Früchte früh reifen. Bei der zweiten Sortengruppe sind die ziegelroten, spitzovalen Beeren kleiner; sie schmecken wie Paprika mit herbem Pfefferton. Keine Angst, Bocksdorn-(Goji-)Beeren sind nicht giftig, wie in Beschreibungen manchmal angegeben ist. Sie lassen sich gut trocknen und wie Rosinen ins Müsli mischen oder in Kuchen verbacken. Und wenn noch etwas übrig ist, lässt sich auch Saft daraus zubereiten.

■ **Kräuter:** Die Kräuterbeete grenzen an die Terrasse an, direkt zum Zugreifen vom Liegestuhl aus. Entweder kümmern sich alle Gärtnerinnen gemeinschaftlich um die Beete oder bestimmte Personen sind jeweils »zuständig« dafür, dass immer etwas da ist.

Zum Mixen wird viel Grünzeug gebraucht. Deshalb gibt's viel Borretsch, Kresse, Kapuzinerkresse, Petersilie, Pimpinelle. Triebe und Blätter von Unkräutern wie Brennnessel, Taubnessel und Vogelmiere bringen die Masse für die Drinks und Smoothies. Sie wachsen in den Kräuterbeeten mit oder stehen in den Ecken.

MODUL OBST

	Min.	Max.
2 Apfelbeere	10 kg	20 kg
1 Felsenbirne	5 kg	10 kg
1 Goji-Beere	5 kg	15 kg
1 Indianerbanane	5 kg	10 kg

MODUL BEERENOBST

	Min.	Max.
1 Jostabeere, Strauch	3 kg	6 kg
4 Rote Johannisbeere, Strauch	8 kg	16 kg
2 Schwarze Johannisbeere, Strauch	4 kg	8 kg
2 Stachelbeere, Strauch	3 kg	6 kg
2 Heidelbeere, Strauch	2,5 kg	5 kg

MODUL GEMÜSE

	Min.	Max.
3 m² Blattsalate, Mangold	3 kg	6 kg
3 m² Möhren, Rettich	6 kg	15 kg
3 m² Kohlrabi, Brokkoli	6 kg	9 kg
3 m² Buschbohnen	1,5 kg	9 kg
3 m² Zucchini, Gurken	30 St.	90 St.
2 Rhabarberstauden	4 kg	8 kg

Familiengarten an Doppelhaushälfte

Familiengarten an Doppelhaushälfte – Gesamtgröße: ca. 17 x 13 = 209 m²

1 Modul Beerenobst
2 Modul Carport
3 Modul Gemüse
4 Modul Himbeerspalier
5 Modul Kompost
6 Modul Kräuter
7 Modul Obstbaum (groß)
8 Modul Obstbaum (klein)
9 Modul Pflanzgefäß
10 Modul Spalierobst
11 Modul Wasserbehälter
12 Wiese/Rasen

Dieser Garten hat genau die richtige Größe, nicht zu klein und nicht zu groß, sodass von allem etwas angebaut werden kann, aber keine große Vorratshaltung betrieben werden muss. Vom Wohnzimmer aus und durch die Küchenfenster ist alles gut einsehbar, sodass Kleinkinder hier auch einmal sich selbst überlassen werden können. Der Garten liegt eben; das Wohnzimmer geht in die Terrasse über und diese in die Wiese. Durch die Fenstertüren haben Sie einen ungehinderten Blick in den Gartenraum. Der integrierte Mini-Baumgarten bietet zudem angenehme Ruheplätze – immer der Sonne oder im Hochsommer auch dem Schatten nach.

Wohngarten mit hohem Nutzwert

Hier ist alles gut zugänglich. Von der Küche tritt man durch eine Fenstertür nach Osten in den Garten hinaus. Der kleine Gemüse- und Kräutergarten ist von Steinplatten eingefasst, sodass er zu jeder Jahreszeit betreten werden kann. Die Kräuterbeete liegen direkt vor der Küchentür, sodass Sie beim Zubereiten der Mahlzeiten rasch noch ein paar Kräuter ins Haus holen können. Beim Herausschauen aus dem Fenster kommen einem schon Ideen, welche Kräuter für die Salatsoße oder zur Pizza passen.

■ **Gemüse:** Hier wächst das nötigste feine Gemüse zum frischen Genuss heran, für Salate und zum Vespern. Beginnen Sie etwa mit Pflücksalaten und Radieschen im Frühjahr, mit Römischem Salat im Sommer sowie Feldsalat im Spätsommer und Winter.

■ **Obst:** Ein Kirschbaum muss schon allein der schönen Blüten und natürlich der Früchte wegen in jedem Garten stehen. Ein Traum ist ein ausgewachsenes Exemplar

Sauerkirschbäumchen – leichte Ernte vom Boden aus.

einer Knorpelkirsche der Sorte 'Große Schwarze Knorpelkirsche'. Doch im kleinen Garten pflanzt man besser einen auf schwach wachsender Unterlage veredelten Baum, beispielsweise die mittelspät reifende Sorte 'Kordia' mit braunschwarzen Früchten oder die spät reifende 'Regina' mit rotbraunen Früchten.

Für Kirschen ist ein tiefgründiger, humoser Boden ideal. Einige Sorten sind auf Fremdbefruchtung angewiesen, da sollte eine Befruchtersorte in der Nähe sein. Es gibt auch selbstfruchtbare Sorten wie die Knorpelkirsche 'Sunburst' oder 'Lapins'. In Jahren mit Spätfrost besteht leider immer die Gefahr, dass die Blüten zerstört werden. Dann reifen keine Kirschen heran und oft gibt es gar keine Ernte. Die Kirschfruchtfliege, deren Maden in den Früchten fressen, kann die Ernte ebenfalls stark dezimieren. Hagelschlag und Amselfraß sind weitere Probleme bei der Kirschenkultur.

Zwei Apfelbäumchen als Spindelbüsche liefern die richtige Menge zum Frischessen. Eine Sorte, etwa 'Remo' oder 'Retina', bringt die begehrten Frühäpfel, auf die alle Apfelfans warten. Die zweite Sorte trägt etwas später reifende Tafeläpfel, die bis Weihnachten verbraucht werden, beispielsweise 'Rote Sternrenette' oder 'Reglindis'. In den ersten Standjahren sind die Bäumchen noch klein, sodass Licht auf die Baumscheibe fällt. Die Baumscheiben werden frei gehalten oder bieten Blumen Raum. Wildkräuter – Vogelmiere oder Taubnesseln – breiten sich hier häufig aus. Kiwis bringen spät im September und Oktober eine Ernte von wohlschmeckenden, stachelbeergroßen Früchten.

■ **Beerenobst:** In diesem Garten dürfen Himbeeren nicht fehlen. Kinder mögen Himbeeren, am liebsten frisch vom Strauch. Himbeerpflanzen werden in einer Reihe an einem Gerüst gepflanzt, im Abstand von 40 Zentimetern mit reichlich Abstand zu den Seiten. Die Ernte sollte von beiden Seiten möglich sein. Üblicherweise schlägt man an beiden Seiten des Gerüsts Holzpflöcke ein und spannt waagerecht Drähte dazwischen oder befestigt ein Bandgewebe an den Pflöcken. Manche Sorten mit kräftigen Trieben wie 'Aroma Queen' brauchen kein Stützgerüst.

Himbeeren brauchen viel Wasser, vor allem während der Blütezeit und der Fruchtausbildung. In Trockenphasen während der Ernte müssen Sie Himbeeren wässern; auf jeden Fall sollten die Beeren immer gemulcht werden, damit die Feuchtigkeit nicht so leicht verdunstet. Die Mulchdecke kann aus Rasenschnitt, Laub, Stroh

MODUL GEMÜSE

	Min.	Max.
3 m² Erdbeeren	4 kg	8 kg
3 m² Salat und anderes Blattgemüse	3 kg	6 kg
3 m² Radieschen und Rettich	6 kg	9 kg

MODUL BEERENOBST

	Min.	Max.
2 Stachelbeere, Hochstämmchen	3 kg	6 kg
2 Kulturheidelbeere	2,5 kg	5 kg
10 Himbeerpflanzen	4 kg	8 kg

MODUL OBST

	Min.	Max.
2 Apfel, Spindelbusch	20 kg	30 kg
1 Kirsche, Halbstamm	0–25 kg	50 kg
1 Pflaume, Spindelbusch	10 kg	15 kg
1 Birne, Spindelbusch	10 kg	15 kg
1 Stachelbeerkiwi am Spalier	3 kg	6 kg

oder halb verrottetem Kompost bestehen. Noch etwas ist zu beachten: Himbeeren wurzeln flach, deshalb sollte man unter den Sträuchern nicht hacken, um die feinen Wurzeln, die direkt unter der Bodenoberfläche streichen, nicht zu beschädigen.

Anders als bei der wild wachsenden Waldhimbeere sind die Früchte der Gartenhimbeere recht groß. Empfehlenswert ist zum Beispiel die stachellose Sorte 'Glen Ample' oder die spät reifende 'Himbo-Top'. Die Herbsthimbeere 'Autumn Bliss' trägt über Monate bis zum Herbst Früchte. Himbeeren sollten Sie immer gut durchpflücken und nicht überreif werden lassen. Sonst verlieren sie an Aroma. Lange lagern darf man sie auch nicht, da sie schnell anfangen zu schimmeln. Deshalb sollten Sie die Früchte schnell essen, einfrieren oder Marmelade daraus kochen.

Nach der Ernte die Sträucher gut auslichten, sodass nur wenige starke Triebe pro laufendem Meter stehen bleiben. 'Autumn Bliss' wird vollständig bis zum Boden abgeschnitten.

■ **Kräuter:** Die Kräuterbeete direkt beim Küchenausgang an der Westseite des Hauses liefern Würzkräuter für Suppen und Saucen: Schnittlauch und Sauerampfer, Liebstöckel und Bärlauch, Estragon und Zitronenmelisse. In dieser Familie ist Kräutertee das Alltagsgetränk. Kräuter mit Zitrusgeschmack – Zitronenmelisse, Zitronenthymian, Orangenminze – sind besonders beliebt. Zitronenverbene steht in einem Topf auf der Terrasse. Diese ausdauernde Pflanze ist nicht frosthart. Deshalb muss sie im Spätherbst ins Haus geholt werden und hier an einem kühlen und hellen Platz überwintern. Daraus zubereiteter Teeaufguss schmeckt heiß oder kalt getrunken.

RECHTS: Himbeeren dürfen in einem Familiengarten nicht fehlen. Mit den richtigen Sorten ist die Ernte von Frühsommer bis Spätherbst möglich.

Gemeinschaftsgarten mit Hochbeeten im Hinterhof

Gemeinschaftsgarten mit Hochbeeten im Hinterhof – Gesamtgröße: ca. 12 x 18 m = 216 m²

1 Modul Beerenobst
2 Modul Blumen
3 Modul Hochbeet
4 Modul Küchenbalkon
5 Modul Obstbaum (klein)
6 Modul Sandkasten
7 Modul Schuppen
8 Modul Tor
9 Modul Wasserbehälter
10 Modul Wegefläche

In der Großstadt sind Gartenflächen rar. Dabei wäre es doch gerade hier geboten, Grün ins Betongrau zu bringen. Und wenn dabei auch noch Nutzbares für die Küche herausspringt, umso besser! Allerdings sind Hinterhöfe in innerstädtischen Bereichen kaum für Gemüseanbau geeignet, weil sie meist zu schattig sind und der Untergrund versiegelt oder von Schadstoffen belastet ist. Dennoch: Ein paar Nutzpflanzenarten gedeihen mit ein paar Tricks auch in leicht beschatteten Lagen. Und experimentieren kann man immer.

Jeden Sonnenplatz trickreich nutzen

In diesem Beispiel sperrt das vierstöckige Mietshaus den Hinterhof wie ein Riegel nach Süden ab. Nur vormittags und nachmittags ist die Fläche besonnt, wobei von Aufbauten auf Nachbargrundstücken ebenfalls Schatten auf die Fläche fällt. Es kommt also darauf an, die Sonnenecken gut zu nutzen.

■ **Hochbeete:** Die Hochbeete stehen im Hinterhof dort, wo die meiste Sonne hinfällt. Pro Wohnung ein Beet zur

Flexibel: Gemüse- und Kräuteranbau in Kisten und Hochbeeten.

beliebigen Bepflanzung. Hochbeete können fantasievolle, selbst gebaute Gebilde sein oder aus genormten Teilen bestehen. Im Handel gibt es eine große Auswahl an leicht aufbaubaren Modellen aus Kunststoff, Holz und Metall, von 60 bis 120 Zentimeter Breite. Höhe und Breite des Hochbeets müssen den Menschen, die daran arbeiten, angepasst sein. Das Hochbeet sollte höchstens so breit sein, dass Sie auch die Mitte des Beets gut mit den Armen erreichen. Besonders gut zu handhaben sind Hochbeete, deren Seitenteile zusammensteckbar sind, sodass Länge, Breite und Höhe leicht variiert werden kann.

Hochbeete haben zudem den Vorteil, dass man sie auf befestigte Flächen, wie es bei Hinterhöfen oft der Fall ist, stellen kann. In Großstädten ist das anstehende Erdreich ohnehin kaum direkt für den Gemüseanbau nutzbar. Da muss man eben in die Höhe gehen und die Hochbeete mit guter, schadstofffreier Erde füllen. Beim Füllen der Beete sollten Sie bedenken, dass sie sehr viel Material »schlucken«. Ein Beet von 2 Meter Länge, 1 Meter Breite und 1 Meter Höhe braucht 2 Kubikmeter Füllmaterial – das muss erst einmal organisiert und herangeschafft werden. Dabei ist eine Füllung aus reiner Blumenerde oder Pflanzerde unvorteilhaft und zudem teuer. Besser ist ein schichtweiser Aufbau, bestehend aus grobem Material unten und feiner Erde oben. Im Detail: grober Strauchschnitt als Basis, darüber Laub und Staudenschnitt, darüber grob verrotteter Kompost und schließlich feiner Kompost, eventuell vermischt mit Gartenerde. Ein Hügelbeet wird übrigens nach demselben Prinzip aufgebaut. Die groben Materialien verrotten nach und nach, sodass sich die Erde im Hochbeet senkt. Das heißt, Sie müssen alle paar Monate Erde oder Substrat

Kartoffelrose: robuste Wildrose mit großen Hagebutten.

nachfüllen. Nach ein paar Jahren kann es nötig sein, ein Hochbeet von Grund auf neu zu befüllen.

Bei unserem Beispielsgarten hier gehen wir jedenfalls davon aus, dass alle acht Hochbeete gut gefüllt mit Erde sind und genügend Nährstoffe für Gemüse, Kräuter und Beerenobst liefern. Doch womit bepflanzen, wenn wandernder Schatten auf die Beete fällt? Solche Belichtungssituationen sind nicht optimal für die allermeisten Gemüse- und Obstarten, die nun einmal am besten in voller Sonne gedeihen. Eine große Paprika- oder Tomatenernte darf man von einem schattig gelegenen Beet jedenfalls nicht erwarten. Aber ein paar Kräuter- und Obstarten begnügen sich mit weniger günstigem Lichteinfall: Pfefferminze und Zitronenmelisse, Sauerampfer und Süßdolde, Heidelbeeren und Walderdbeeren gedeihen in Schattenlagen noch ganz gut. Da sollte man ein wenig Experimentierfreude mitbringen und nicht das volle Optimum an Ertrag erwarten.

■ **Obst:** Die meisten Obstarten gedeihen ebenfalls am besten in voller Sonne. Mit etwas weniger Licht kommen die Eberesche oder Vogelbeere *(Sorbus aucuparia)* und Haselnusssträucher *(Corylus avellana)* aus. Haselnusssträucher bieten in manchen Jahren eine gute Ernte an Haselnüssen, wenn die Eichhörnchen und Haselmäuse einem nicht zuvorkommen. Die Eberesche trägt ebenfalls herbe Früchte. Mit ihrem schönen Wuchs und ihrer interessanten Blattfärbung bringt der Baum Abwechslung in den Hof.

Noch etwas will bei der Auswahl der Obstgehölze bedacht sein: die Frage, wer sich in einem Mehrparteienhaus um die Gehölze kümmert. Der Reinigungsdienst? Oder die Bewohner reihum nach dem Kehrwochenprinzip? Wie auch immer, die beste Lösung bei gemeinschaftlicher Nutzung ist die einfachste Lösung. Also Gehölze wählen, die wenig Pflege brauchen, die mehr oder weniger von selbst wachsen und keinen Schnitt brauchen. Ein nicht unwesentlicher Aspekt ist auch, dass die Pflanzen nicht zu teuer sein dürfen. Da sind Kartoffelrosen *(Rosa rugosa)* eine gute Wahl: Sie blühen schön und duften und haben gesundes Laub, sodass sie das ganze Jahr über gut aussehen. Zudem tragen sie essbare Früchte, die Hagebutten, die ebenso nutzbar sind wie die der heimischen Heckenrose.
Eine solche Einrahmung sieht während ihrer langen Blütezeit im Sommer bis weit in den Herbst hinein freundlich aus. Und sie wirkt sogar noch bei Frost, wenn Raureif Triebe und Früchte überzieht.

Ein weiteres Obstgehölz, das wenig Pflege braucht, ist die Apfelbeere *(Aronia)*. Die vitaminreichen Früchte ergeben köstliche Marmelade oder Getränke. Ideal also auch für den Selbstversorger-Gemeinschaftsgarten.

■ **Balkon:** Die Wohnungen verfügen alle über einen Küchenbalkon nach Norden. Hier ist Platz für Gemüse, Kräuter und Obst in Pflanzgefäßen zur individuellen Betreuung. Einjährige Küchenkräuter und Wildkräuter wie die Vogelmiere gedeihen hier im Schatten genauso wie ein paar ausdauernde Gewächse (z.B. Sauerampfer). All das wird umrankt von Kapuzinerkresse.

MODUL OBST

	Min.	Max.
7 Apfelbeere, Strauch	7 kg	35 kg
7 Hagebuttenrose	3,5 kg	7 kg
1 Haselnussstrauch	0 kg	6 kg

MODUL GEMÜSE

	Min.	Max.
2 m² Kürbis oder Zucchini	20 St.	60 St.
2 m² Kartoffel	4 kg	8 kg
2 m² Blattsalate, Mangold	2 kg	4 kg
2 m² Möhren, Rettich, Radieschen	4 kg	6 kg

Nutzgarten an Doppelhaushälfte mit Obst und Gemüse

Nutzgarten an Doppelhaushälfte mit Obst und Gemüse – Gesamtgröße: ca. 15 x 15 m = 225 m²

1 Modul Beerenobst
2 Modul Garage
3 Modul Gemüse + Feld
4 Modul Gemüse + Erdbeeren
5 Modul Gewächshaus
6 Modul Hecke
7 Modul Kompost
8 Modul Kräuter
9 Modul Obstbaum (groß)
10 Modul Obstbaum (klein)
11 Modul Rhabarber
12 Modul Wasserbehälter

Die Bewohner des Doppelhauses wollen sich weitgehend selbst mit Gemüse und Beerenobst versorgen. Der Obstanbau soll nicht viel Arbeit machen, da die Hausbewohner weder Zeit noch Neigung für Obstbaumschnitt und -pflege haben.

Obst, das wenig Arbeit macht

In einem Garten, in dem Kinder spielen, sollte unbedingt ein Kirschbaum stehen – zum Klettern und der Früchte wegen. Kirsch-, Zwetschgen- und Pflaumenbaum liefern gerade so viel Obst, dass es zum Frischessen und zum Kuchenbacken reicht. In guten Erntejahren, die es bei älteren Bäumen alle paar Jahre gibt, fallen reichlich Früchte an, sodass es auch für die Konservierung, zum Dörren oder Einfrieren der Zwetschgen oder zum Eindünsten der Kirschen reicht.

■ **Beerenobst**: Rote, Weiße und Schwarze Johannisbeeren sowie Stachelbeeren decken den Eigenbedarf zum Frischessen und für die Konservierung. Die säuerlichen Beeren der Roten Johannisbeere eignen sich hervorragend zum Kuchenbacken und für Marmelade. Sie sind gut zum Einfrieren und Entsaften und ergeben ein vorzüglich schmeckendes Gelee. Die etwas herben, voll ausgereiften süßen Beeren der Schwarzen Johannisbeere schmecken frisch, als Kuchenbelag, als Marmelade und für den bekannten Likör Cassis. Rote und Weiße Johannisbeeren reifen ab Mitte Juni, je nach Sorte; Schwarze Johannisbeeren folgen etwas später. Da nicht alle Beeren am Strauch gleichzeitig reifen, sollte man mehrmals durchpflücken. Von einem ausgewachsenen Johannisbeerstrauch können Sie mit einem Ertrag von 2 bis 4 Kilogramm Früchten rechnen.

Baumschulen bieten Johannisbeeren als Busch, Halb- und Hochstämmchen und in Säulenform an. Damit Sie über einen längeren Zeitraum ernten können, empfiehlt es sich, zu verschiedenen Zeiten reifende Sorten zu pflanzen. Beispielsweise die frühe Rote Johannisbeere 'Telake', die mittelfrühe 'Rolan' und die späte 'Rovada' mit bis zu 20 Zentimeter langen Fruchttrauben. Die klassische goldgelbe Sorte ist 'Weiße Versailler'. Und sogar eine Sorte mit süßen, rosa schimmernden Beeren gibt es: 'Rosalinn'. Bei den Schwarzen Johannisbeeren reifen 'Bona' und 'Fertödi' sehr früh. Robust und sehr wüchsig sind 'Ometa' und 'Titania'.

Johannisbeeren werden im Abstand von 1 bis 1,5 Metern gepflanzt. Hochstämmchen brauchen einen stabilen, tief eingeschlagenen Pfahl, der bis in die Krone reicht. Bei den Sträuchern werden ältere, abgetragene sowie schwache Triebe im Spätwinter bodennah abgeschnitten, sodass der Strauch noch 8 bis 12 starke Äste hat. Es ist auch möglich, direkt nach der Ernte auszulichten. Dann hat man noch den Überblick, an welchen Ästen der Behang gut war. Außer Ernten ist sonst an den Sträuchern nicht viel zu tun. Günstig ist eine Mulchdecke am Fuß, sodass gleichmäßige Feuchtigkeit im Wurzelraum herrscht.

RECHTS: Im Frühjahr erwarten wir sehnsüchtig den ersten Rhabarber – für köstliche Kuchen und Kompott.

Ein ausladender Jostabeerenstrauch (2 x 2 Meter Standfläche) liefert reichlich herb-säuerliche Früchte für die Marmeladebereitung. Die Jostabeere ist eine stachellose Kreuzung aus Schwarzer Johannisbeere, Kulturstachelbeere und Oregonstachelbeere. Die Sträucher wachsen mehr in die Breite als in die Höhe und brauchen mehr Platz und einen größeren Pflanzabstand als andere Johannisbeersträucher. Die Früchte reifen im Juli – nicht alle gleichzeitig, sodass mehrmaliges Durchpflücken nötig ist.

■ **Gewächshaus:** Bei der kleinen Gartenfläche bietet es sich an, ein Gewächshaus aufzustellen, in dem die Erträge höher als im Freiland ausfallen. Unter Glas und Folie verlängert sich die Gemüseanbausaison. Außerdem gedeihen hier die wärmeliebenden Fruchtgemüse Tomaten, Paprika und Schlangengurken besser als im Freiland. Das Gewächshaus können Sie zudem für die Anzucht von Gemüse- und Kräuterjungpflanzen nutzen.

■ **Gemüse und Feld:** Die Gartenfläche bietet Platz für bis zu sechs Feld- und Gemüse-/Erdbeer-Module von 2,5 x 4 Meter Größe. Sie können schrittweise vorgehen und im ersten Jahr ein Beet mit Kartoffeln bestellen. Diese Hackfrucht hat den Vorteil, dass der rohe Boden durch das ständige Hacken gut durchgearbeitet und gelockert wird. Ebenso ist es bei Zwiebeln und Möhren. Wenn Sie mehr Gemüse anbauen wollen, können Sie von der Wiesen- oder Rasenfläche weitere Beete für den Gemüseanbau oder für Feldkulturen umbrechen.

■ **Kräuter:** Ausdauernde Kräuterstauden und -gehölze stehen gut erreichbar auf sonnigen und geschützten Rabatten vor der Hausfassade und am Gewächshaus.

■ **Regenwasserzisterne:** Beim Bau des Hauses wurde bereits eine Regenwasserzisterne im Boden versenkt, in die das gesamte Dachwasser fließt. So herrscht an Gießwasser für die Beete und fürs Gewächshaus kein Mangel. Aus der Zisterne unter der Terrasse wird das Wasser nach Bedarf mithilfe einer Tauchpumpe in Schöpfbecken geleitet. Die sind an gut zugänglichen

LINKS: Gemüseanbau in Mischkultur mit Vor- und Nachkulturen sichert eine reiche Ernte auf kleinem Raum.

Stellen auf dem Gelände aufgestellt. Hier kann sich das Wasser vor dem Gießen erwärmen.

Die Wasserbehälter im Garten sollte man aus Sicherheitsgründen abdecken. Es gibt aber noch einen anderen Grund: Ein Deckel hält Stechmücken davon ab, ihre Eier im Wasser abzulegen. Offene Wasserbehälter sind Brutstätten für diese lästigen Blutsauger.

Beim Umgang mit Regenwasser sollte man auch darauf achten, dass vor den ersten tiefen Frösten die Außenwasserleitungen und die Wassertonnen entleert werden, sonst entsteht durch den Frost ein Schaden.

■ **Automatische Bewässerung:** Im Garten und im Gewächshaus bietet sich die Möglichkeit zur automatischen oder halbautomatischen Wasserversorgung. Auf diese Weise können Sie die Kulturpflanzen ganz gezielt und ohne Verlust bewässern und sparen dabei viel Wasser. Die Bewässerungssysteme werden mithilfe von Schlauchkupplungen an die Wasserleitung angeschlossen. Die Steuerung erfolgt automatisch mithilfe von Bewässerungscomputern mit Zeitschaltuhren oder einfach manuell durch Auf- und Zudrehen des Wasserhahns.

Je nach System sind es einzelne Tropfer oder Bewässerungsschläuche (Tropfschläuche), die das Wasser an die Pflanzen befördern.

Die Bewässerungsschläuche eignen sich für Gartenbeete und Gewächshäuser. Sie werden je nach Hersteller entweder auf dem Boden oder wenige Zentimeter tief im Boden oder unter einer Mulchschicht verlegt. Bei ihnen sickert das Wasser langsam aus den Poren oder Perforationen und versorgt die Pflanzen bis in etwa einen halben Meter Entfernung mit Wasser. Das Tropfersystem bietet sich dagegen besonders für Gewächshäuser sowie zum Bewässern einzelner Pflanzen in Töpfen und Pflanzgefäßen an. Es lässt sich auch auf einem Balkon oder einer Terrasse installieren.

MODUL GEMÜSE + FELD

	Min.	Max.
3 m² Zwiebeln, Lauch	9 kg	15 kg
6 m² Möhren, Rettich, Radieschen	12 kg	24 kg
3 m² Blattsalate, Mangold	3 kg	6 kg
6 m² Kohlrabi, Brokkoli, Kohl	12 kg	18 kg
3 m² Bohnen, Erbsen	1,5 kg	9 kg
3 m² Zucchini, Gurken	30 St.	90 St.
3 m² Erdbeeren	4 kg	8 kg
10 m² Kartoffeln	20 kg	40 kg
10 m² Kürbis	30 kg	100 kg
1 Rhabarberstaude	2 kg	4 kg

MODUL OBST

	Min.	Max.
1 Süßkirsche, Halbstamm	25 kg	50 kg
1 Zwetschge, Busch	15 kg	30 kg
1 Pflaume, Busch	15 kg	30 kg

MODUL BEERENOBST

	Min.	Max.
6 Johannisbeere, Strauch	12 kg	24 kg
2 Stachelbeere, Strauch	4 kg	6 kg
1 Jostabeere, Strauch	4 kg	6 kg

MODUL GEWÄCHSHAUS

	Min.	Max.
6 Tomatenpflanzen, veredelt	18 kg	30 kg
6 Paprikapflanzen	9 kg	15 kg
2 Schlangengurken, veredelt	8 kg	16 kg

Ein blühender Garten für Honigbienen

Ein blühender Garten für Honigbienen – Gesamtgröße: 12 x 16 m = 192 m²

- 1 Modul Beerenobst
- 2 Modul Bienenkästen
- 3 Modul Blumen
- 4 Modul Erdbeeren
- 5 Modul Feld
- 6 Modul Gartenlaube
- 7 Modul Kompost
- 8 Modul Tomatenhaus
- 9 Modul Obstbaum (groß)
- 10 Modul Obstbaum (klein)
- 11 Modul Rosenbogen
- 12 Modul Spalierobst
- 13 Modul Hochbeet
- 14 Modul Wasserbehälter

Bienenhaltung und Obstbau bedingen einander. Honigbienen brauchen Obstbäume und Beerensträucher als Trachtpflanzen und Obstgehölze brauchen Bienen zur Befruchtung. Das vorgestellte Beispiel können Sie in einer Kleingartenparzelle, im Hausgarten oder auf einem Freizeitgrundstück verwirklichen.

Bienenhaltung im Jahreslauf

Die beste Einstiegszeit für die Imkerei ist das Frühjahr oder der Sommer. Vielleicht haben Sie die Möglichkeit, Bienenvölker zu übernehmen. Wenn dies nicht der Fall ist, kaufen Sie Jungvölker ein. Beginnen Sie zunächst einmal mit drei oder vier Völkern, um sich alle Fertigkeiten anzueignen und mit den Abläufen vertraut zu werden. Beste Voraussetzungen haben Sie, wenn Sie selbst einen mindestens 300 Quadratmeter großen Garten mit vielen Bienenweidepflanzen bewirtschaften. Der eigene Garten allein reicht jedoch niemals für die Tracht aus.

Eine wichtige Grundregel ist, die Völker nicht allzu oft zu stören, auch wenn Sie neugierig sind, was sich im Bienenstock tut. Zur Anfangsausrüstung gehört ein Schlupfschleier, der Kopf und Hals vor Stichen schützt.

Die Hauptflugzeit der Bienen ist vom Frühjahr bis zum Sommer. In diesem Zeitraum holen sie den Honig ein. Bienenhalter schleudern den Honig gleich oder zu einem späteren Zeitpunkt. Ab etwa Mitte Juli bereiten die Bienen sich auf den Winter vor. Ende Juli geht das Bienenjahr zu Ende. Lassen Sie den Bienen den Honig, den sie dann noch eintragen, damit sie sich selbst über Winter davon ernähren können. Spät blühende Bienenweidepflanzen wie Phazelie, Herbstastern oder Efeu geben den Winterbienen Nahrung in der kalten Jahreszeit. Wenn es kälter wird als plus 10 °C, können die Bienen keine Nahrung mehr aufnehmen. Der Vorrat, den sich die Bienen selbst anlegen, reicht zum Überwintern nicht aus. Sie müssen also mit Industriezucker zufüttern. Während des Winters können sich die Bienen jedoch aus ihrem selbst eingelagerten Vorrat an Pollen mit Eiweiß und Mineralstoffen versorgen.

Die Bienen ziehen sich über Winter in den Brutraum zurück. Hier sorgen sogenannte Heizerbienen punktuell durch Zitterbewegungen für Wärme. Diese Heizerbienen werden von anderen Bienen mit Nahrung versorgt.

Bienenvölker sind erstaunliche Staatenwesen. Das Volk ist auf das Zusammenwirken aller Tiere angewiesen; auf

Bienenkästen: idealer Standort in blütenreichen Obstwiesen.

OBEN: Die Bienenweidepflanze Phazelie wird als Gründüngung flächendeckend auf die Beete gesät.

Honig – Meisterwerk der Natur

Die Bienen wandeln Nektar von Blütenpflanzen oder Honigtau in Honig um. Der Honigtau stammt von Bäumen, genauer gesagt von Blattläusen und Schildläusen, die an den Bäumen sitzen, Pflanzensaft von Bäumen saugen und diesen ausscheiden. Die süßen Stoffe, die die Honigbienen von den Honigtauausscheidern aufnehmen, durchlaufen ihren Verdauungstrakt und werden hier mit weiteren Stoffen angereichert. Die Bienen lagern den süßen Saft in Waben ein. Dort reift er und verliert dabei Wasser. So entsteht aus Nektar und Honigtau Honig. Honig ist also ein Produkt von Pflanzen und Bienen zugleich. Wenn der Honig in den Waben reif ist, decken die Tiere ihn mit einer Wachsschicht ab.

Arbeitsbienen, Drohnen, Königin. Ein Bienenvolk kann zwar weitgehend autark existieren. Imker müssen sich jedoch um ihre Völker kümmern, wenn sie Honig ernten wollen. Also regelmäßig nachschauen, ob Varroa-Milben da sind, die Völker einwintern und im Herbst und Winter zufüttern. Eventuell müssen sie die Völker verjüngen.

■ **Honig:** Um Honig zu gewinnen, ist eine Honigschleuder nötig. Dieses Gerät aus rostfreiem Edelstahl sieht aus wie ein hoher Topf mit weitem Durchmesser. In diese von Hand oder elektrisch betriebene Schleuder werden die Rahmen mit den Waben senkrecht eingestellt. Zuvor müssen die Waben entdeckelt, also das Wachs entfernt werden, das die Bienen über die Vorratswaben gezogen haben. Der Honig wird durch die Fliehkraft aus den Waben herausgeschleudert und sammelt sich unten in der Schleuder. Hier läuft er durch ein Doppelsieb, das feinste Wachsteile zurückhält, in das Auffanggefäß. Nach dem Schleudern lässt man den Honig in einem Aufbewahrungsgefäß stehen. Dies dient der Klärung. Dabei steigen Luftbläschen nach oben und ebenso Wachsteilchen, die abgeschöpft werden. Erst danach wird der Honig in saubere Gläser abgefüllt und etikettiert.

■ **Obst und Beerenobst:** Für die Bienen sollten Sie Ihren Garten so bepflanzen, dass möglichst das ganze Jahr über etwas blüht. Mit Obstgehölzen, Wiesenblumen, Kräutern und Gründüngungspflanzen ist diese Aufgabe leicht zu erfüllen. Nicht nur mit Äpfeln und Birnen, sondern auch mit Beerensträuchern – Stachelbeeren, Johannisbeeren, Erdbeeren, Himbeeren und Brombeeren, die monatelang eine gute Tracht geben. Vor allem Herbsthimbeeren und Brombeeren geben Bienen spät noch Nahrung. Und statt den Rasen kurz zu scheren, sollten Sie die Blumen auf der Wiese wachsen und blühen lassen.

Am Rand des Gartens ist womöglich Platz für eine Brombeerhecke. Brombeeren sollten Sie an einem frei stehenden Gerüst ziehen, im Abstand von 2 bis 4 Metern und mit ausreichend Abstand nach den Seiten, sodass die Sträucher von allen Seiten gut zugänglich sind. Brombeeren sollten im Lauf des Sommers öfter geschnitten werden: Die Achseltriebe müssen einkürzt werden. Der eigentliche Rückschnitt der langen Brombeerranken erfolgt nach der Ernte.

Brombeeren reifen von Juli bis November. Sie werden immer vollreif geerntet, wenn die Früchte sich beim Anfassen etwas weich anfühlen und tiefschwarz sind. Nur dann entwickeln sie ihr typisches Aroma, das ihren Genuss vollkommen macht – egal ob frisch vom Strauch, als Dessert oder als Marmelade. Pro Strauch können Sie mit einem Ertrag von etwa 8 Kilogramm rechnen.

- **Kräuter:** Die Bienenweidepflanze *Phacelia* ist ein Muss im Bienengarten. Die einjährige Blume wird breitwürfig aufs Beet gesät. Sie friert im Winter bei Temperaturen unter minus 8 °C ab. In einem Bienengarten sind lange blühende Kräuterstauden und -halbsträucher unverzichtbar, weil diese auch noch im Hochsommer und Herbst den Bienen Nektar liefern. Die Bienenvölker brauchen diese Nektarquelle, um selbst gut über den Winter zu kommen. Die Lippenblütler Dost, Lavendel, Ysop und Zitronenmelisse sind für sie besonders wertvoll, genauso wie die dekorativen Kräuterstauden Gewürzfenchel und Goldrute sowie der einjährige Borretsch. Borretsch ist eine sehr gute Bienenweide. Wenn Sie speziell etwas für Bienen tun wollen, säen Sie doch einfach eine größere Fläche mit diesem Kraut ein und kombinieren es mit Ringelblumen und Dill – so schaffen Sie neue Lebensräume in Wohnbereichen und in der Feldflur; Insekten und Schmetterlinge finden hier reichlich Nahrung.

- **Blumen und Ziersträucher:** Wählen Sie Sommerblumen, Stauden und Ziergehölze so aus, dass das ganze Jahr über etwas blüht, beginnend mit der im Winter blühenden Schneeheide und frühen Zwiebelblumen, gefolgt von Frühlings- und Frühsommerstauden, den Sommerblumen und schließlich den Herbstastern. Und nicht zu vergessen: Efeu als späte Bienenweide von Oktober bis Dezember.

MODUL TIERE		
	Min.	**Max.**
4 Bienenvölker, Honig	40 kg	80 kg (200 kg)

MODUL OBST		
	Min.	**Max.**
3 Apfel, Halbstamm	20 kg	40 kg
1 Birne, Halbstamm	20 kg	40 kg
1 Süßkirsche, Busch	15 kg	30 kg
1 Pflaume, Busch	15 kg	30 kg

MODUL BEERENOBST		
	Min.	**Max.**
6 Johannisbeere, Strauch	12 kg	24 kg
4 Stachelbeere, Strauch	8 kg	16 kg
20 Himbeerpflanzen	8 kg	16 kg
3 Brombeere am Spalier	12 kg	24 kg

MODUL FELD		
	Min.	**Max.**
10 m^2 Phazelie		
10 m^2 Erdbeeren	12 kg	24 kg
10 m^2 Kartoffeln	20 kg	40 kg

MODUL HOCHBEET		
	Min.	**Max.**
2 m^2 Bohnen	1 kg	6 kg
2 m^2 Kürbis oder Zucchini	20 St.	60 St.
2 m^2 Blattsalate, Mangold	2 kg	4 kg

Garten am Reiheneckhaus – mit Hochbeeten und Kaninchen

Garten am Reiheneckhaus – mit Hochbeeten und Kaninchen
Gesamtgröße: ca. 17 x 16 m = 272 m²

1 Modul Beerenobst
2 Modul Hecke
3 Modul Hochbeete
4 Modul Kaninchen
5 Modul Kompost
6 Modul Kräuter
7 Modul Obstbaum (groß)
8 Modul Obstbaum (klein)
9 Modul Schuppen
10 Modul Spalierobst
11 Modul Wasserbehälter
12 Modul Zaun mit Feuerbohnen

Ein Garten an einem Reiheneckhaus bietet mehr gärtnerische Verwirklichungsmöglichkeit als eine Fläche mitten in der Reihe. Die Bewohner wählten für sich deshalb die Idee eines Hochbeetgartens. Mit Kräutern und Gemüsepflanzen gut erreichbar für die Menschen, aber unerreichbar für die Kaninchen, die in diesem Garten ihren Auslauf haben. Der große Walnussbaum stand schon da, als das Haus gebaut wurde. Er ist höchst willkommen, da er reichlich Nüsse liefert. Dazu spendet er Schatten und hält Stechmücken ab. Am Zaun entlang führt ein Fußweg. So können sich auch Vorübergehende über blühende und fruchtende Feuerbohnen und Stangenbohnen freuen.

Eine Wiese für Kaninchen

Die Kaninchen sollen möglichst ihrem natürlichen Verhalten entsprechend auf der Wiese herumhoppeln können. In diesem Garten haben sie eine große Auslauffläche mit Ecken und Winkeln sowie schattigen Bereichen, wo sie sich verstecken können. Sie sollen jedoch keine Möglichkeit zum Ausbrechen haben. Achten Sie deshalb darauf, dass der etwa 1,2 Meter hohe Zaun rundherum dicht schließt und die Zugänge zum Garten absperrbar sind, sodass die Tiere nicht auf die Straße oder in die Nachbargärten hoppeln können. Kaninchen finden ihr Grünfutter – eiweißhaltige Grasspitzen, Klee, Löwenzahnblätter – auf der ungedüngten Gartenwiese. Deren Aufwuchs darf nicht überständig werden. Kaninchen knabbern auch an Gartenkräutern, Brennnesseln und anderem Grünfutter in den »Wilden Ecken« des Gartens.

- **Tiere:** Kaninchen fühlen sich in einem großzügigen Freigehege am wohlsten. Die geselligen Lebewesen brauchen Artgenossen um sich. Kaninchenzüchter halten die Tiere jedoch üblicherweise einzeln in Stall-

Ein Hochbeet ist ein guter Platz für Nutzpflanzen und Gestaltungselement dazu.

buchten, was nicht ganz artgerecht ist. Wenn Sie oder Ihre Kinder viel Zeit für die Tiere haben, kombinieren Sie einfach die Haltungsmethoden und lassen die Tiere tagsüber frei herumlaufen und bringen Sie sie über Nacht in ihre Buchten. Verschließen Sie die Türen sicher, sodass Fuchs und Marder nicht eindringen können. Einzelstallbuchten sind am besten zu überwachen und leicht zu reinigen. In der Bucht muss genügend Einstreu sein. Die Tiere sollen sich an Heu in Raufen und Wasser in Tränken jederzeit bedienen können. Auf den Beeten wächst ein Teil des Futters für die Tiere heran. Möhren und Futterrüben fressen sie gern.

■ **Gemüse:** Selbst angebaute Möhren schmecken unvergleichlich nussig-mild und eignen sich hervorragend als gesunde Rohkost. Die heutigen Zuchtformen unterscheiden sich hauptsächlich in Rübenform und -länge. Da gibt es zylindrisch stumpfe Nantaise-Typen, sehr lange, schmale, abgestumpfte bis spitz zulaufende Wurzeltypen oder runde, kugelige Typen wie 'Pariser Markt'. Zudem gibt es spezielle Futtermöhren zum Verfüttern an Kaninchen. Wer den Platz dafür hat, baut mehrere Möhrensorten an: frühe Sorten zum Sofortverbrauchen und mittelfrühe und späte Sorten zum Einlagern. Sehr gute Lagersorten sind beispielsweise 'Lange rote stumpfe ohne Herz', 'Rothild' und die schön gefärbte, besonders karotinreiche 'Juwarot'.

MODUL OBST

	Min.	Max.
1 Walnussbaum, veredelt	10 kg	40 kg
2 Apfelbäume, Halbstamm	40 kg	80 kg
1 Quittenbaum	20 kg	40 kg

MODUL BEERENOBST

	Min.	Max.
2 Rote Johannisbeere, Sträucher	4 kg	8 kg
2 Stachelbeere, Strauch	3 kg	6 kg
6 Heidelbeere, Strauch	8 kg	15 kg
1 Kiwipflanze	6 kg	12 kg

MODUL GEMÜSE

	Min.	Max.
3 m^2 Möhren	9 kg	15 kg
3 m^2 Zwiebeln	9 kg	15 kg
3 m^2 Kohlgemüse	12 kg	24 kg

Möhren werden von März bis Mitte Juli in Sätzen gesät. In kühlen Lagen und in einem kalten Frühjahr warten Sie besser ab, bis sich der Boden etwas erwärmt hat und abgetrocknet ist. Spätere Saaten laufen oft zügiger auf als frühe. Die feinen Möhrensamen möglichst dünn etwa 2 Zentimeter tief in gerade verlaufende Saatrillen (Saatschnur spannen!) ablegen. Eine gerade verlaufende Saatreihe ist deshalb wichtig, damit Sie direkt neben der frisch aufgelaufenen Saat hacken können, ohne die winzigen Sämlinge zu zerstören. Beim Anbau in mehreren Reihen nebeneinander sollten Lagermöhren einen Abstand von 40 bis 50 Zentimeter haben. Die Samen mit dem Rechenrücken in den Rillen festklopfen und die Rille mit feiner Erde zuziehen. Wer wenig Erfahrung mit dem Möhrenanbau hat, wird mit einem Saatband Erfolg haben. Hacken Sie nach dem Auflaufen möglichst bald, um den Boden zu lockern und Wildkräuter zu entfernen. Zu dicht stehende Sämlinge ausdünnen. Wenn man nicht ausdünnt, bekommt man nur dünne, kurze Möhrchen. Auf sandigen, tiefgründigen Böden entwickeln sich Möhren am besten.

Die feineren Gemüse, die Salate, Mangold, Radieschen, Rettiche, Paprika und Tomaten, wachsen auf den Hochbeeten. Buschig wachsende Tomaten sind hier ideal, die keine Stütze wie die Stabtomaten brauchen. Kaninchen sollten übrigens nicht an Tomatenpflanzen fressen, weil diese giftig für sie sind. Die beiden Fruchtgemüse

Tomaten und Paprika, die viel Wärme brauchen, können anfangs nach dem Pflanzen mit einer Folienabdeckung vor Kälte geschützt werden.

Bei Radieschen lohnt es sich, auf die Sorte zu achten. Rettichartig spitz zeigt sich die weiße Sorte 'Eiszapfen'. Rot-weiß gefärbt und walzenförmig sind 'French Breakfast' und 'Bamba'. Das bezieht sich auch auf den Anbauzeitraum. Frühjahrssorten wie 'Cherry Belle' würden bei Anbau im Sommer schießen. Sommersorten wie 'Parat', 'Raxe' oder 'Rudi' sind dagegen schossfest und können während der ganzen Saison gesät werden.

Mit Radieschen können Sie die gesamte Anbausaison von März bis Oktober sehr gut ausnutzen, bei sehr früher Saat im Frühbeet oder Gewächshaus sogar bereits ab Ende Februar. Sobald Sie den Boden betreten können, säen Sie ins Freiland und decken mit Vlies oder Folie zum Schutz vor Kälte ab. Damit nicht zu viele Radieschen auf einmal erntereif werden, sollten Sie diese immer in Sätzen säen, also etwa alle zwei Wochen eine kurze Reihe (Abstand in der Reihe 2–3 Zentimeter, von Reihe zu Reihe 10–15 Zentimeter). Wichtig ist ein gutes Saatbett mit feinkrümeligem Boden. Klopfen Sie die Samen gut fest – sie müssen guten »Bodenschluss« haben. Hacken Sie Radieschen immer gut entlang den Reihen durch, um den Boden zu lockern und Wildkräuter abzuhacken und zu verschütten. Bei zu dichtem Stand vereinzeln. Radieschen brauchen viel Feuchtigkeit. Bei Trockenheit muss man sie gießen, sonst werden sie unangenehm scharf oder bekommen im Inneren eine pelzige Konsistenz. Genügend Feuchtigkeit schützt zudem vor dem Befall mit Erdflöhen. Der Erdfloh ist der wichtigste Schädling an Radieschen, er frisst Löcher in Blätter. Sie sollten die Radieschenkultur auch deswegen gleichmäßig feucht halten, weil der Rübenkörper bei Wechsel von Trockenheit und Feuchte aufplatzt.

Mit allem Komfort ausgestattet: das Freiluftgehege für die Kaninchen.

Bunter Schrebergarten für Kind und Kegel

Bunter Schrebergarten für Kind und Kegel – Gesamtgröße: ca. 14 x 18 m = 252 m²

1 Modul Beerenobst
2 Modul Gartentor
3 Modul Bohnenwigwam
4 Modul Kartoffel
5 Modul Kürbis
6 Modul Mais
7 Modul Obstbaum (groß)
8 Modul Obstbaum (klein)
9 Modul Spielhütte
10 Modul Zaun mit Rankpflanzen

In Großstädten bieten Schrebergärten den nötigen geschützten Freiraum für Familien. Der Garten liegt etwas entfernt von der Wohnung, sodass er in diesem Beispiel nicht täglich aufgesucht werden kann. Der Anbau von feinem Gemüse ist deshalb nicht praktikabel. Dafür gibt es viele Obstgehölze und Feldkulturen, die auch einmal längere Zeit sich selbst überlassen werden können. Ansonsten bietet der Garten alles, was Kinder mögen: Verstecke, Ausgucke, wilde Ecken, Bäume zum Klettern, Bäume, an denen man eine Hängematte befestigen kann …

Ein Bohnenwigwam als Versteck

Wie wär es mit einem Zelt zum Beranken mit Feuerbohnen? Zum Bau benötigen Sie ein paar lange Stangen oder Haselnussstecken, die im Kreis mit einem Abstand von etwa 40 bis 50 Zentimetern leicht schräg in das Erdreich gesteckt werden. Die zueinander geneigten Spitzen werden oben zusammengebunden – eine lustige Aktion für die ganze Familie.

■ **Stangenbohnen und Feuerbohnen:** Am besten ist es, wenn Sie die Feuerbohnen Mitte bis Ende April im Haus oder in der Wohnung in Töpfchen säen und später auspflanzen. Die Bohnenkerne zuvor etwa 12 Stunden in Wasser einweichen, damit sie zügig keimen. Die Vorkultur in Töpfen bringt den Bohnen einen Entwicklungsvorsprung. Sie ist zudem in Gärten sinnvoll, in denen es viele Nacktschnecken gibt, die über die Bohnenkeimlinge herfallen.

Freilandaussaaten sind ebenfalls möglich: Feuerbohnen vertragen tiefere Temperaturen und können schon Ende April gesät werden, die kälteempfindlichen Stangenbohnen dagegen erst ab Mitte Mai. Pro Bohnenstange legt man 7 bis 11 Korn etwa 3 bis 5 Zentimeter tief, jeweils zwei oder drei Korn an eine Stelle, denn mit vereinter Kraft durchbrechen die Keimlinge die Bodenkruste besser. Wenn die Pflanzen etwa 15 Zentimeter hoch sind, sollten sie mit etwas Erde angehäufelt werden, um die Standfestigkeit zu verbessern. Den Rest erledigen die Rankpflanzen von alleine: Sie schlingen sich an den Stangen in die Höhe. Aus den roten Schmetterlingsblüten bilden sich bald die grünen Hülsen. Diese kann man ernten und als grüne Bohnen zubereiten oder zu Trockenbohnen ausreifen lassen. Die Bohnenkerne sind gleichzeitig Saatgut zur Aussaat im darauffolgenden Jahr. Einen Teil der Ernte muss man also als Saatgut zurückbehalten.

■ **Kürbisse:** Noch mehr sinnliches Erleben und Spielmöglichkeiten bieten die großen Speise- oder Riesenkürbisse. Wie die Stangenbohnen werden Kürbisse Ende April im Haus vorkultiviert und nach den Eisheiligen Mitte Mai aufs Feld gepflanzt. Sie brauchen nicht viel Pflege, außer dass die Pflanzen am Anfang vor Schneckenfraß geschützt werden müssen. Die Kürbisse

RECHTS: Halloween kann kommen: mit Kürbissen zum Aushöhlen aus dem Garten.

sollten voll ausreifen; erst ab September sind die Riesenfrüchte reif. Kürbisse muss man vor dem ersten Frost ernten und an einem warmen, sonnigen Platz noch zwei bis vier Wochen nachreifen lassen. Bei einer Temperatur von 10 bis 15 °C und bei trockener Luft halten die meisten Sorten bei kühler Lagerung monatelang bis zum Frühjahr.

Und auch bei dieser Gemüseart stellt sich die Frage nach der Sorte oder Sortengruppe: Der Hokkaidokürbis ist als Speisekürbis unübertroffen. Gut schmeckt auch der Riesenkürbis 'Rouge vif d'Etampes', der mit einem Gewicht von 8 bis 30 Kilogramm fast zu groß fürs Verarbeiten in einem normalen Haushalt wird. Und wer sich an einem Kürbiswettbewerb beteiligen möchte, pflanzt am besten die Sorte 'Atlantic Giant', von der ein Kürbis mehr als 100 Kilogramm auf die Waage bringen kann. Als Halloweenkürbis bieten die Pflanzenzüchter andere Sorten an, zum Beispiel 'Sweet Jack' oder 'Aspen'.

MODUL OBST

	Min.	Max.
2 Apfelbäume, Halbstamm	40 kg	80 kg
1 Kirschbaum, Halbstamm	20 kg	50 kg
1 Sauerkirsche	5 kg	20 kg
2 Pflaumen, Busch	20 kg	40 kg
2 Zwetschge, Busch	20 kg	40 kg
2 Birne, Spindelbusch	20 kg	30 kg
1 Pfirsich	5 kg	15 kg
1 Holunder	4 kg	8 kg

MODUL BEERENOBST

	Min.	Max.
10 m² Erdbeeren	12 kg	24 kg

MODUL GEMÜSE + FELD

	Min.	Max.
1 m² Feuerbohnen	2,5 kg	4 kg
10 m² Kürbis	30 kg	100 kg
10 m² Kartoffeln	20 kg	40 kg
10 m² Mais	10 kg	15 kg

■ **Beerenobst:** Der Garten bietet noch etwas, was jedes Kind mag: Erdbeeren. Bei der Erdbeerwiese 'Florika' muss man außer einmal pflanzen und jedes Jahr ernten gar nichts machen. Die Erdbeerwiese ist eine Kreuzung aus der Walderdbeere *(Fragaria vesca* var. *vesca)* mit der Gartenerdbeere. Ihre vielen, in alle Richtungen wachsenden Ausläufer bilden eine dichte Decke. Die Blüten- und Fruchtstände stehen bei dieser Züchtung über dem Laub; die Früchte sind so weniger anfällig für Grauschimmel. Die mittelgroßen Beeren reifen im Juni – begehrt zum Naschen und Konservieren. Diese Kreuzungserdbeere kann acht Jahre und länger auf dem Beet stehen bleiben. Sie verträgt auch leichten Schatten.

■ **Obst**: Äpfel, Birnen, Kirschen, Zwetschgen und Pflaumen zum Frischessen, zum Kuchenbacken und für die Vorratshaltung gibt es in diesem Garten auch. Alle in der Familie essen gerne Kuchen. Da darf ein Sauerkirschbaum nicht fehlen; dessen feinsäuerliche Früchte eignen sich besser zum Kuchenbacken als Süßkirschen. Ein Sauerkirschbaum ist nicht so anspruchsvoll wie die Süßkirsche und bringt regelmäßig guten Ertrag, weil er spät blüht und kaum durch Spätfröste gefährdet ist. Schaden kann eher die Moniliakrankheit an Triebspitzen und Ästen anrichten. Bei Sauerkirschen bilden sich die Früchte am einjährigen Holz. Abgetragene, peitschenartige Äste schneidet man deshalb nach der Ernte im Juni bis Anfang Juli ohne zu zögern ab. Die Früchte lassen sich entsteint einfrieren oder mit Stein eindünsten. Ein Sauerkirschbaum braucht nicht viel Platz. Empfehlenswerte robuste Sorten sind: 'Gerema', 'Morellenfeuer' und 'Schattenmorelle'. Fast alle Sauerkirschen sind selbstfruchtbar, mit Befruchtersorten tragen sie jedoch besser.

Die dekorative Feuerbohne
bringt einen guten Ertrag an grünen Bohnen oder Trockenbohnen.

Großer Selbstversorgergarten für eine Familie

Großer Selbstversorgergarten für eine Familie
Gesamtgröße:
ca. 16 x 22 m = 352 m²

1 Modul Beerenobst
2 Modul Blumen
3 Modul Gemüse
4 Modul Gemüse + Erdbeeren
5 Modul Getreide
6 Modul Kartoffel
7 Modul Kompost
8 Modul Kräuter
9 Modul Kürbis
10 Modul Obstbaum (groß)
11 Modul Obstbaum (klein)
12 Modul Sitzplatz
13 Modul Spalierobst
14 Modul Tomatenhaus
15 Modul Tor
16 Modul Wasserbehälter
17 Modul Wiese/Rasen

Dieser Garten liegt nicht direkt am Haus, sondern am Rand einer kleinen Stadt. Er ist in kurzer Zeit mit dem Fahrrad erreichbar, sodass er fast wie ein Hausgarten mit kurzen Wegen nutzbar ist. Es ist also möglich, am Vormittag Salate, Gemüse und Würzkräuter noch rasch fürs Mittagessen frisch aus dem Garten zu holen. Beerenobst und Obstgehölze umranden den Garten, einige als frei stehende Bäume, einige als Spalierobst geschützt an einer Südwand. So ist auch mit Äpfeln, Birnen, Zwetschgen, Weintrauben, Johannisbeeren, Himbeeren und Brombeeren eine weitgehende Selbstversorgung möglich.

Frischgemüse und Lagergemüse

Die Familie legt Wert darauf, das ganze Jahr über frischen Salat und Gemüse auf den Tisch zu bringen. Bei Salat ist es einfach. Da gibt es so viele Arten und Sorten, dass man sich zu jeder Jahreszeit mit frischem Blattsalat versorgen kann. Die Salatsaison beginnt im März mit der Aussaat von Schnittsalat. Etwas später folgen Pflücksalate und Kopfsalat, Eissalat und Römischer Salat. Für die ersten Pflanzungen im Frühbeet oder im Gewächshaus kaufen Sie die Setzlinge am besten beim Gärtner. Für die Kultur im späten Frühjahr und Sommer säen Sie in Saatkisten, ins Frühbeet oder direkt aufs Beet, nie von einer Sorte zu viel, damit nicht ein ganzes Beet oder eine ganze Reihe auf einmal erntereif ist.

Das feine Saatgut möglichst dünn säen, was nicht ganz einfach ist, und gut festdrücken. Mit feiner Erde dünn übersieben. Saatbänder erleichtern die Aussaat. Kopfsalatsetzlinge sollte man hoch pflanzen, sodass sie »im Winde flattern«. Nicht rechtzeitig geernteter Salat »schießt« in die Höhe, geht in die Blüte über und ist dann kaum noch essbar.

RECHTS: Zaun und Gehölze geben dem Kompost Schutz vor Sonne und austrocknenden Winden.

Alle Salate sind gute Mischkulturpartner. Gute Nachbarn sind Radieschen, Bohnen, Gurken, Buschbohnen, Rote Rüben oder Mangold – entweder in der Reihe gemischt oder in Reihen nebeneinander. Eine platzsparende Kombination ist zum Beispiel die von Pflücksalat oder Kopfsalat mit Zucchini, Kürbis und Gurken. Die schnell wachsenden Salate räumen den Platz, bevor

die Fruchtgemüse sich ausbreiten. Im Juni und Juli ist Saatzeit für die Zichoriensalate Radicchio, Endivie und Zuckerhut. Im August wird Feldsalat gesät.

Mit Herbst- und Wintersalaten lässt sich die Saison bis in den Winter hinein verlängern. Wenn Sie auch im Winter frischen Salat ernten möchte, sollten Sie vor allem an Endiviensalat und Zuckerhutsalat denken, die etwas Frost (–2 bzw. –4 °C) vertragen. Vom frostharten Feldsalat können Sie den ganzen Winter über bis ins Frühjahr hinein laufend frische Blattrosetten ernten. Salate mögen humusreiche, durchlässige Böden und ausgeglichene Bodenfeuchtigkeit. Ein Mulchvlies schützt davor, dass der Boden austrocknet, und unterdrückt gleichzeitig Unkraut. Kopfsalat und Pflücksalat kommen mit wenigen Nährstoffen aus. Zu viel Stickstoff macht die Pflanzen anfällig für Krankheiten. Zum Düngen nur reifen, sehr gut verrotteten Kompost oder organischen Fertigdünger nehmen.

■ **Kohlgemüse:** Weißkraut, Blaukraut und Wirsing sowie Rosenkohl gehören zum Grundbestand in großen Nutzgärten. Normalerweise kauft man Setzlinge beim Gärtner und pflanzt Ende April oder im Mai mit weitem Abstand von 50 bis 60 Zentimetern ins Freiland. Wer Kraut selbst aussäen möchte, wählt am besten eine samenfeste Sorte aus. Geradezu legendär ist das spitzkegelige Weißkraut 'Filderkraut'. Bei Rosenkohl ist eine frostharte Sorte wie zum Beispiel 'Hilds Ideal' empfehlenswert, er soll schließlich draußen überwintern. Blattkohl wie Grünkohl ist in manchen Regionen beliebt. Frostharte Standardsorten sind die kompakt wachsende 'Halbhoher grüner krauser' und 'Lerchenzungen' mit langen schmalen Blättern. Kleintierhalter sollten unbedingt Grünkohl anbauen, denn Hühner und Kaninchen fressen ihn sehr gerne, ebenso Ziegen und Schweine. Grünkohl wird Mitte Mai bis Mitte Juni gesät und ab Mitte Juni bis Mitte Juli gepflanzt. Bei späterer Pflanzung bleibt Grünkohl klein.

Alle Kohlarten brauchen reichlich Nährstoffe und Wasser, sonst bilden sich keine richtigen Köpfe aus und die älteren Blätter vergilben. Zur Pflanzung gut verrotteten Kompost oder organischen Handelsdünger geben.

LINKS: In einem großen Nutzgarten darf Kohlgemüse wie Wirsing und Rosenkohl nicht fehlen.

Für eine dicke Mulchschicht ist Kohlgemüse dankbar. Trockenheit schwächt die Pflanzen und macht sie anfällig für Schädlinge. Eine gute Wasserversorgung ist das A und O beim Kohlanbau. Zum Einlagern werden Kohlköpfe möglichst spät vor dem Frosteinbruch zwischen Oktober und November geerntet. Bei luftiger und kühler Lagerung halten sie bis zum Frühjahr.

■ **Obst:** Fast jede Obstart wächst in diesem Garten. Darunter auch eine Zwetschge (z.B. die spätreifende Sorte 'Hauszwetschge') und eine Pflaume (z.B. die frühreifende 'Katinka'). In guten Jahren hängen die Bäume so voll, dass sie abzubrechen drohen. Dann müssen Äste abgestützt werden. Früchte reifen je nach Sorte von Juli bis Mitte September. Bei Vollreife lösen sich die Stiele leicht von den Ästen. Viele Früchte hängen unerreichbar hoch oder zu weit außen im Geäst. Die schüttelt man am besten vom Baum und liest sie auf. Vollreife und überreife Zwetschgen sind zuckersüß; sie lassen sich gut zu »Hutzeln« dörren und zu Zwetschgenmus ganz ohne Zuckerzusatz einkochen. Die eher länglichen, etwas spitz zulaufenden Zwetschgen lösen sich – anders als die rundlichen Pflaumen – gut vom Stein. Pflaumen eignen sich eher zum Frischessen, für Marmelade, für Kompott, für Fruchtsoßen, zum Eindünsten und Entsaften. Zum Kuchenbacken sind beide Früchte gut.

Zwetschgenbäume brauchen wenig Schnitt. Bei den älteren Bäumen in diesem Garten muss man lediglich zu dicht stehende und verkahlte Äste abschneiden, immer bis auf einen Ast, der nach außen weist. Es sind eher die im Umkreis des Baumes aufkommenden Wurzelschösslinge, die man abschneiden muss. In manchen Jahren sind die Früchte »wurmig«. Dann ist der Schadschmetterling Pflaumenwickler aktiv. Seine Larven (die »Würmchen«) fressen in der Frucht und machen sie ungenießbar. Früchte, die frühzeitig herunterfallen, sind fast alle vom Pflaumenwickler befallen. Da ist anzuraten, sie mit dem Müll zu entsorgen, um den Entwicklungszyklus zu unterbrechen.

MODUL OBST

	Min.	Max.
1 Walnussbaum	10 kg	40 kg
1 Pflaumenbaum, Halbstamm	25 kg	50 kg
1 Zwetschgenbaum, Halbstamm	25 kg	50 kg
1 Quitte, Halbstamm	20 kg	50 kg
2 Apfel, Spalier	20 kg	40 kg
2 Birne, Spalier	20 kg	40 kg
2 Pfirsich, Spalier	10 kg	30 kg
2 Weinstöcke am Spalier	20 kg	40 kg 200 kg

MODUL BEERENOBST

	Min.	Max.
6 Rote Johannisbeere, Strauch	12 kg	24 kg
2 Weiße Johannisb., Strauch	4 kg	8 kg
2 Schwarze Johannisb., Strauch	4 kg	8 kg
2 Stachelbeere, Strauch	4 kg	6 kg

MODUL GEMÜSE

	Min.	Max.
10 Tomaten im Tomatenhaus	15 kg	30 kg
3 m^2 Möhren	9 kg	15 kg
3 m^2 Zwiebeln	9 kg	15 kg
3 m^2 Kopfkohl	12 kg	24 kg
3 m^2 Kohlrabi, Brokkoli	6 kg	9 kg
3 m^2 Zucchini, Gurken	30 St.	90 St.
3 m^2 Buschbohnen	1,5 kg	9 kg
6 m^2 Blattsalat, Spinat, Mangold	6 kg	12 kg
6 m^2 Erdbeeren	7 kg	14 kg
6 m^2 Rettich, Radieschen, Rote Bete	9 kg	30 kg

Garten am Ortsrand mit Hühnern und Obst

Garten am Ortsrand mit Hühnern und Obst – Gesamtgröße: ca. 17 x 20 m = 340 m²

1 Modul Beerenobst (Brombeerspalier)
2 Modul Feld
3 Modul Hecke
4 Modul Hühnerhaltung
5 Modul Hütte
6 Modul Obstbaum (Walnuss)
7 Modul Obstbaum (groß)
8 Modul Obstbaum (klein)
9 Modul Wiese
10 Modul Wasserbehälter
11 Modul Wegefläche
12 Modul Zaun

Die beste Voraussetzung für Hühnerhaltung ist ein Grundstück in einer ländlichen Umgebung am Ortsrand, möglichst ohne Nachbarschaft. Der hier vorgestellte Hühnergarten lässt sich auch innerhalb eines großen Hausgrundstücks verwirklichen. In Kleingartenanlagen ist Hühnerhaltung mit Rücksicht auf die Nachbarn jedoch nicht erlaubt.

Was glückliche Hühner brauchen

Hühner brauchen Auslauf und einen kleinen Stall, in dem sie die Nacht verbringen und Eier legen. Das Hühnerhaus muss unbedingt mardersicher gebaut sein. Noch sicherer ist ein Gehege, das auch nach oben hin mit Maschendraht geschlossen ist, sodass keine Greifvögel einfallen können.

■ **Tiere:** Beginnen Sie mit 3 bis 4 Hühnern und einem Hahn. Ihrer kleinen Hühnerschar sollten Sie ein mit Maschendraht eingezäuntes Gehege von mindestens 40 Quadratmetern zur Verfügung stellen. Sehen Sie ein weiteres Gehege vor, sodass Sie die beiden Gehege abwechselnd belegen können. Die jeweils unbelegte Fläche kann sich dann in der Zwischenzeit wieder erholen. Eine Hühnerhaltung lässt sich gut in eine Obstwiese integrieren; hier können die Tiere frei auf dem

Hühnerfamilie: gut geschützt im tiergerecht gebauten Hühnerhaus.

Gelände herumspazieren und sich selbst weitgehend mit Futter versorgen. Sie picken Würmer, Insekten und Wildkräuter – beste Voraussetzungen für ein glückliches Hühnerleben!

Mit dem im Auslauf vorhandenen Futter haben die Hühner bereits eine gute Grundversorgung. Damit sie gesund bleiben und viele Eier legen, brauchen sie jedoch vor allem im Winter eiweißreiches Zusatzfutter und Vitamine. Pro Legehuhn rechnet man mit etwa 120 Gramm Trockenfutter, zusammengesetzt aus etwa 80 bis 100 Gramm Getreide und 25 bis 30 Gramm eiweißhaltigem Futter. Zumindest einen Teil des Trockenfutters kann man auf der Mini-Farm selbst erzeugen, indem man Körnermais und Körnerleguminosen (z. B. Erbsen) anbaut. Jeder Hühnerhalter füttert anders. Manche mischen ihr Futter aus einzeln zugekauften Komponenten selbst, andere kaufen Fertigmischungen in Form von Mehl, Schrot oder Pellets. Legemehl enthält neben Getreide auch eiweißreiche Futtererbsen oder Ackerbohnen. Im Winter mögen die Hühner zusätzlich grob geriebene Möhren und Rote Bete. Auch getrocknete Brennnesseln und Heu von der Wiese schmeckt dem Geflügel.

Hühner brauchen unbedingt Kalk in Form von Futterkalk, Muschelkalk oder Muschelgrit als Ergänzungsfutter, sonst legen sie Eier mit dünner, zerbrechlicher Schale. Geben Sie zudem den Hühnern die Schalen ihrer Eier zurück. Die in der Küche anfallenden Eierschalen werden grob zerbröckelt und den Hühnern in den Trog gelegt.

Der Hühnergarten sollte auf jeden Fall rundherum eingezäunt sein, zum einen, um die Hühner drinnen zu halten, zum anderen, um Füchse vom Eindringen abzuhalten. Marder und Greifvögel kommen trotzdem zum Räubern. Hühner brauchen zudem Schutz vor Sonne

LINKS: Im Hühnergarten ist genügend Platz für eine Raum greifende Brombeerhecke.

und Wind. Deshalb sollten Sie das Hühnergehege mit Sträuchern umpflanzen. Ideal sind Haselnusssträucher. Diese bringen in manchen Jahren einen guten Ertrag an Nüssen und liefern Stecken und Reisig zum Abstützen von Pflanzen und als Baumaterial für Zäune.

■ **Obst**: Im Hühnergarten oder am Rand davon ist Platz für einen Walnussbaum *(Juglans regia)*. Er wächst zu einem präsentablen Hausbaum mit schöner Krone heran. Ein ausgewachsener Walnussbaum kann einen Kronendurchmesser von 10 Metern haben und eine Grundfläche von 100 Quadratmeter bedecken. Er liefert in guten Jahren große Mengen fettreiche Nüsse. Walnussbäume sind recht anspruchsvoll. Mildes Klima ohne Spätfröste im Frühjahr und tiefgründige Böden sind ideal für sie. Die Blüten reagieren empfindlich auf Frost. Deshalb gibt es in Spätfrostjahren oft gar keine Walnüsse.

Im Prinzip kann man Walnüsse selbst vermehren, indem man nur Nüsse in den Boden oder in Töpfe steckt. Dann kann es allerdings zehn Jahre und länger dauern, bis der Baum die erste Nuss trägt. Veredelte Exemplare aus der Baumschule tragen bereits nach fünf Jahren schön geformte, gut auslösbare Nüsse. Empfehlenswert ist zum Beispiel 'Weinsberg 1' mit relativ kleiner Krone, großer bis sehr großer Nuss mit dünner Schale und gutem Ertrag oder 'Klon Nr. 26', schwachwachsend mit spätem Austrieb, sodass Frost den Blüten kaum schadet.

Wenn die Nüsse Mitte September bis Anfang Oktober reif sind, öffnen sich die Hüllen und die Nüsse fallen zu Boden. Sie sollten die Nüsse mindestens einmal am Tag aufsammeln und sofort zum Trocknen auf Horden auslegen. Bei nassem Wetter und wenn noch Teile der Hülle an der Nuss kleben, kann man sie auch kurz unter Wasser abbürsten. Bewegen und wenden Sie die Nüsse mehrmals am Tag mit den Händen. Feuchte Nüsse fangen an zu schimmeln und müssen weggeworfen werden. Auf ihnen kann sich das hochtoxische Aflatoxin bilden. Bewahren Sie die Nüsse nach dem Trocknen ebenfalls trocken und kühl in luftdurchlässigen Säcken auf. Bei großen Bäumen in vollem Ertrag kann man mit einer Ernte von 30 bis 50 kg rechnen.

■ **Feld:** Idealerweise bauen Sie das Futter für die Hühner selbst an. Sie sollten die Feldfläche umzäunen, damit die Hühner nicht Samen und Grünzeug wegpicken. Hühner fressen Körner und Weichfutter (zubereitet aus Kartoffeln oder Rüben). Es bietet sich also an, jeweils ein Feld-Modul mit 10 Quadratmetern für Getreide, Futterrüben, Körnermais und Kartoffeln vorzusehen. Wechseln Sie von Jahr zu Jahr die Fläche, um die Fruchtfolge einhalten zu können.

MODUL TIERE

	Min.	Max.
Pro Huhn bis zu etwa		220 Eier

MODUL OBST + BEERENOBST

	Min.	Max.
3 Apfel, Halbstamm	60 kg	200 kg
1 Birne, Halbstamm	20 kg	40 kg
5 Haselnusssträucher	10 kg	30 kg
1 Walnuss, veredelt	10 kg	40 kg
1 Holunder	4 kg	8 kg
5 Brombeere an Spalier	20 kg	40 kg
1 Hundsrose, Hagebutten	0,5 kg	1 kg

MODUL FELD

	Min.	Max.
10 m^2 Gerste	5 kg	10 kg
10 m^2 Futterrüben	50 kg	70 kg
10 m^2 Körnermais	10 kg	15 kg
10 m^2 Kartoffeln	20 kg	40 kg

Garten im Karree – mit Laufenten und Gemüse

Garten im Karree – mit Laufenten und Gemüse – Gesamtgröße: ca. 20 x 22 m = 440 m²

1 Modul Beerenobst
2 Modul Blumen
3 Modul Gemüse
4 Modul Gemüse + Erdbeeren
5 Modul Gewächshaus
6 Modul Rhabarber
7 Modul Hecke
8 Modul Kräuter
9 Modul Laufenten
10 Modul Obstbaum (klein)
11 Modul Wegefläche
12 Modul Wiese/Rasen
13 Modul Zaun

Das rundum begehbare Haus ist an die nördliche Grundstücksgrenze gerückt, sodass der Garten gut besonnt ohne Gebäudeschatten daliegt. Der Wintergarten ragt in die Gartenfläche hinein und verzahnt das Haus mit der Gartenumgebung. Das Haus ist über mehrere Ausgänge eng mit dem Garten verbunden. Eine Außentreppe führt ins Kellergeschoss, in dem die Gartengeräte und Utensilien für den Garten abgestellt werden. Von den vier Gemüsebeeten können sich drei bis vier Personen mit Gemüse sowie Tee- und Würzkräutern versorgen.

Laufenten als Schneckenjäger

Dieser Garten ist auf die Bedürfnisse einer kleinen Laufentenschar abgestimmt. Vom Wintergarten aus schaut man den schlanken, aufrechten Tieren gerne zu, wenn sie flink durch den Garten watscheln und zwischendurch ihr Bad im Teich nehmen. Durch die großen Fenster des Wintergartens lässt sich alles gut beobachten.

Laufenten ernähren sich von Weichtieren, also von Nacktschnecken, Regenwürmern und Insekten. Sie durchstöbern mit ihren Schnäbeln auf Nahrungssuche den Bewuchs in Bodennähe und räumen sehr gründlich mit Nacktschnecken auf. Wer Laufenten im Garten hält, hat mit Schnecken garantiert keine Probleme. Bis in den Frühsommer hinein, solange feuchtes Klima herrscht, gehen die Tiere nicht an Salat und anderes Gemüse; das tun sie erst, wenn es zum Sommer hin trockener wird. Handhaben Sie es am besten so, dass Sie den Gemüseteil in Ihrem Garten mit einem niedrigen Zaun umgeben, sodass Sie die Enten, wenn nötig, aussperren können.

■ **Tiere:** Laufenten brauchen Wasser. Zur Not genügt eine ausgediente Badewanne. Besser ist ein Folienteich, in dem die Tiere schwimmen können. Der Teich wird nicht bepflanzt, denn er muss ab und zu entleert und gereinigt werden. Außerdem sollten Laufenten einen kleinen Stall zur Verfügung haben, in dem sie geschützt vor räubernden Füchsen die Nacht verbringen. Laufenten sind robuste Tiere und unserem Winterklima angepasst, Frost bis minus 15 °C macht ihnen nichts aus.

■ **Gemüse:** Der Gemüseteil lässt sich gut als »Garten im Garten« mit einer Einzäunung inmitten des Lauf-

MODUL TIERE

	Min.	Max.
Pro Laufente bis zu		100 Eier

MODUL OBST

	Min.	Max.
2 Apfel, Busch	20 kg	40 kg
2 Birne am Spalier	20 kg	40 kg
1 Zwetschge, Busch	10 kg	20 kg
2 Apfel, Säule	6 kg	10 kg
2 Birne, Säule	6 kg	10 kg
2 Pflaume, Säule	6 kg	10 kg
2 Süßkirsche, Säule	6 kg	10 kg

MODUL GEMÜSE

	Min.	Max.
3 m^2 Zwiebeln, Lauch	9 kg	15 kg
6 m^2 Möhren, Rettich, Radieschen	12 kg	24 kg
3 m^2 Blattsalate, Mangold	3 kg	6 kg
3 m^2 Kohlrabi, Brokkoli	6 kg	12 kg
3 m^2 Bohnen, Erbsen	1,5 kg	9 kg
3 m^2 Zucchini, Gurken	30 St.	90 St.
3 m^2 Erdbeeren	4 kg	8 kg
10 m^2 Kartoffeln	20 kg	40 kg

entenauslaufs verwirklichen. Die Gemüse-Module sind in der günstig zu bewirtschaftenden Kreuzform angelegt, sodass alle Bereiche gut zugänglich sind. Innerhalb eines Beetmoduls lassen sich drei Beete von jeweils 1,2 Meter Breite durch schmale Trittpfade von 20 Zentimeter Breite abtrennen. Säen Sie auf den Einzelbeeten jeweils eine Gemüseart oder -sorte oder pflanzen Sie verschiedene Arten nebeneinander in Mischkultur.

■ **Erbsen:** Erbsen sehen dekorativ aus, sind leicht zu kultivieren und ihre Hülsen schmecken fein – was will man von Gemüse mehr! Bereits wenige Wochen nach der Aussaat sind süße Zuckererbsen zum Naschen, Markerbsen fürs Risotto oder Trockenkocherbsen für den Eintopf erntereif.

Erbsen gehören wie Bohnen und Wicken zur Pflanzenfamilie der Schmetterlingsblütler mit den typisch geformten weißen, rosa oder lila gefärbten Blüten. Schmetterlingsblütler besitzen die einzigartige Eigenschaft, mithilfe von Knöllchenbakterien im Boden Stickstoff aus der Luft zu filtern. Sie versorgen sich mit diesem wichtigsten Pflanzennährstoff zu einem guten Teil selbst. Das macht die Verwandten in der Fruchtfolge und in der Landwirtschaft zu sehr bedeutenden Kulturpflanzen. Erbsen wollen ein gut gemachtes Saatbett in einem feinkrümeligen tiefgründigen Boden, der sich schnell erwärmt und das Wasser gut hält. Schalerbsen können Sie bereits im März aussäen; Markerbsen folgen ab April (bis Ende Mai) in Sätzen. Ziehen Sie hierfür Saatrillen und legen Sie die Samenkörner mit einem Abstand von

Laufenten: immer stöbernd auf der Suche nach Nacktschnecken.

3 Zentimetern und 3 bis 5 Zentimeter tief ab. Einige Sorten wie die Palerbse 'Kleine Rheinländerin' oder die Markerbse 'Markana' brauchen keine Stütze. Bei kletternden Sorten bietet es sich an, in Doppelreihen links und rechts der Kletterunterlage zu säen. So sind die Erbsen zum Ernten gut zugänglich.

Hacken Sie die jungen Bestände, um den Boden zu lockern und Unkraut zu bekämpfen. Dabei sollten Sie gleich die jungen Pflanzen mit Erde anhäufeln. Gießen Sie bei Trockenheit durchdringend! Und pflücken Sie immer gut durch, dann blühen die Pflanzen weiter und bilden neue Hülsen aus. Nach der Ernte sollten die Hülsen nicht lange liegen, weil sie noch nachreifen und dann mehlig werden. Überreiche Ernte können Sie durch Einfrieren nach kurzem Blanchieren konservieren.

■ **Kräuter:** Rabatten mit ausdauernden Kräutern umgeben die Gemüse-Module. Borretsch, Dill und einjähriges Bohnenkraut sowie Petersilie wachsen in den Gemüsereihen mit. Zum Grundbestand an ausdauernden Küchenkräutern zählen Schnittlauch, Sauerampfer, Pimpinelle und Liebstöckel. Wer gerne viel Tee trinkt, sollte auf jeden Fall Zitronenmelisse und Minzen pflanzen.

■ **Rhabarber**: Angrenzend an die Kräuterrabatten sind einige Rhabarberstöcke gepflanzt. Rhabarber ist ein ausdauerndes Gewächs, das zuverlässig jedes Jahr wiederkommt und reichlich Blätter mit dicken Stielen treibt. Organische Düngung mit Kompost tut dem nährstoffbedürftigen Knöterichgewächs gut. Eine Pflanze braucht eine Grundfläche von mindestens 1 Quadratmeter.

■ **Flechtzaun**: Ein selbst angefertigter Flechtzaun hält die Laufenten vom Gemüseland fern. Schlagen Sie Haselnussstecken oder dicke Holzpflöcke (ca. 1,5 Meter lang) im Abstand von 50 Zentimetern bis 1 Meter etwa 30 bis 40 Zentimeter tief ins Erdreich ein. In die Zwischenräume flechten Sie biegsame Zweige und Äste. Jeden eingeflochtenen Zweig drücken Sie möglichst fest an die schon eingelegten Zweige an, Sie »verweben« ihn.

Viele Varianten eines solchen Flechtwerks sind denkbar: Mit braunen und grauen Weidenruten sowie mit rotem Hartriegelgeäst ergeben sich abwechslungsreiche Muster. Sie können auch Lücken im Flechtwerk lassen, sodass der Zaun Durchblicke ermöglicht. Wenn nur wenig Flechtmaterial zur Verfügung steht, können Sie es auch in einen handelsüblichen Holz- oder Metallzaun einflechten, um ihn etwas individueller zu gestalten. Ein Flechtzaun ist kein Bauwerk für die Ewigkeit. Pflöcke und Zweige verrotten innerhalb einiger Jahre.

RECHTS: Ein Flechtzaun schützt das Gemüse vor hungrigen Entenschnäbeln.

Terrassierter Garten mit Gänsen

Terrassierter Garten mit Gänsen – Gesamtgröße: ca. 20 x 25 m = 500 m²

1 Modul Beerenobst
2 Modul Erdbeeren
3 Modul Gartentor
4 Modul Gänse
5 Modul Gerätehütte
6 Modul Getreide
7 Modul Obstbaum (groß)
8 Modul Kleingewächshaus
9 Modul Spalierobst
10 Modul Trockenmauer
11 Modul Zwiebeln

Gänse sind, wie man weiß, gute Wachtiere und genügsame Haustiere. Eine großzügig bemessene Weidefläche und Wasser sind alles, was sie brauchen. Gänse begleiten die Menschen, die sich um sie kümmern, viele Jahre lang durchs Leben. Und ganz nebenbei legen sie auch noch ein paar Eier. Die Bedürfnisse der Gänse bestimmen die Einteilung des Gartens. Gänse und Gemüse vertragen sich nicht oder nur aus der Distanz.

Gänseweide statt Rasenmäher

■ **Tiere:** Gänse brauchen in bebauter Umgebung ein eingezäuntes Areal, in dem sie sich frei bewegen können. Für ein Gänsepaar sollten es mindestens 400 bis 500 Quadratmeter Weidefläche sein. Günstig ist hügeliges Gelände oder ein Grundstück am Ortsrand, von dem aus die Tiere in die Ferne schauen und das Geschehen weiter weg wahrnehmen können. Auf der Weidefläche versorgen Gans und Ganter sich selbst mit Grünfutter. Für ihr Wohlbefinden sollten Gänse einen Teich zur Verfügung haben, der als Folienteich ohne Bepflanzung angelegt ist. Nachts kommen die Tiere in den Stall, damit der Fuchs sie nicht holt.

In dem Areal, in dem die Gänse weiden, haben krautige Nutzpflanzen keine Chance. Aber Obstbäume und Kletterpflanzen vertragen sich gut mit Gänsen. Für diesen Garten brauchen Sie keinen Rasenmäher. Das Federvieh hält das Gras kurz.

■ **Obst:** Das hanglagige, durch Trockenmauern terrassierte Grundstück ist früher intensiver genutzt worden. Aus früherer Nutzung sind ein paar Obstbäume und Spalierbäume stehen geblieben. Die obere Trockenmauer bildet einen idealen Hintergrund für Spalierbirnen und -äpfel.

Birnen schmecken einfach köstlich. Sie sind anspruchsvoller als Äpfel und brauchen einen tiefgründigen,

Gänseherde: schnatterndes Geflügel im ländlichen Idyll.

lockeren Boden, damit ihre Pfahlwurzel gut ins Erdreich eindringen kann. Je nach Standort und Sorte reifen Birnen von August bis Oktober. 'Williams Christ' mit ihren goldgelben, leicht rotbackigen und sehr aromatischen Früchten reift früh, ebenfalls die gelblichgrünen, süßsäuerlichen Früchte von 'Clapps Liebling'. Die grünlichgelbe, längliche geformte 'Conference' und die gelblichbraune 'Gellerts Butterbirne' sind im September erntereif. Die spät reifenden Sorten 'Alexander Lucas' und 'Gräfin von Paris' lassen sich einige Monate lang lagern. Neue Züchtungen wie 'Harrow Sweet' sind widerstandsfähig gegen Feuerbrand. Am besten schmecken Birnen frisch; sie sind – bis auf wenige Sorten – nur kurze Zeit lagerfähig. Sie lassen sich jedoch sehr gut in Gläsern eindünsten, sodass man für ein Jahr und länger einen Vorrat anlegen kann.

■ **Beerenobst:** Die untere Trockenmauer ist niedriger; sie muss nicht so viel Hangneigung abfangen wie die obere. Davor stehen Johannisbeersträucher und Stachelbeersträucher. Ein Himbeerspalier findet auf dem Gelände ebenfalls Platz.

Auf der oberen Terrasse ist ein Beet für eine kleine Erdbeerplantage reserviert. Sie ist in den Fruchtwechsel mit den Feldkulturen eingebunden. In jedem dritten Jahr wird die Kultur auf anderer Fläche nach Zwiebeln neu angelegt.

■ **Gewächshaus:** Die Besitzerfamilie versorgt sich fast das ganze Jahr über aus dem Kleingewächshaus mit Gemüse – mit Salat und Radieschen im Spätherbst und Frühjahr, mit Tomaten, Schlangengurken, Paprika und Peperoni sowie wärmeliebendem Basilikum während der Saison. Vor allem Schlangengurken wollen es warm haben. Zwei veredelte Pflanzen, die in der Gärtnerei gekauft werden, genügen pro Haushalt. Ziehen Sie die Triebe an Schnüren, die oben angebunden sind, in die Höhe.

Den Winter über bedecken die frostverträglichen Kulturen Feldsalat und Winterpostelein die Bodenfläche. Feldsalat oder Ackersalat ist für den winterlichen Salatteller unverzichtbar. Kaum bekannt ist, dass Feldsalat eine einheimische Wildpflanze ist, die in diesem Terrassengarten auch wild wächst, wie in vielen Regionen Mitteleuropas auf mageren Wiesen, auf Äckern, an Böschungen und in Weinbergen. Bis Mitte des vergangenen Jahrhunderts sammelten Landbewohner die Blattrosetten häufig am Naturstandort. Die Blätter des Feldsalats sind je nach Sorte rundlich, länglich oder löffelblättrig. Die als Rosette angeordneten Blätter liegen je nach Sorte flach dem Boden an – so wie bei der Standardsorte 'Dunkelgrüner, vollherziger' – oder sie stehen aufrecht. Feldsalat wird im August bis Anfang September breitwürfig oder in Reihen (Abstand 15 cm) direkt gesät. Die Samen gut mit dem Rechenrücken auf der Beetfläche oder in den

LINKS: Ein schmucker Stall bietet Hausgänsen Schutz vor Raubtieren und großer Kälte.

Saatrillen festklopfen. Wichtig ist, das Beet mit lichtundurchlässigem Vlies oder mit Tüchern abzudecken. Denn Feldsalat ist ein Dunkelkeimer, der nur bei Dunkelheit und gleichmäßiger Feuchtigkeit keimt.

- **Feld:** In diesem am Ortsrand gelegenen Garten werden auf einem größeren Beet auf der oberen Terrasse Getreide und Zwiebeln angebaut. Zwiebeln sind eine gute Vorkultur für Erdbeeren. Nach der Zwiebelernte im Juli oder August können selbst vorgezogene Erdbeersetzlinge hier gepflanzt werden.

- **Trockenmauerbau:** Bei diesem hängigen Gelände sind Mauern nötig, um für die Gartennutzung ebenes Terrain zu schaffen. Terrassenbau ist eine uralte Technik, mit der Gärtner und Landwirte auf der ganzen Welt schwieriges Gelände und Land im Gebirge in Anbauflächen umwandeln. Mithilfe des Terrassenbaus kann man sogar Nordhänge noch für den Gemüse- und Obstbau nutzbar machen. Auf nach Süden oder Südwesten exponierten, warmen und windgeschützten Terrassen gedeihen Weinreben, Feigen und Spalierobst sehr gut. Nehmen Sie zum Aufsetzen einer Trockenmauer Material, das in der Region im Untergrund vorkommt: Muschelkalk, Sandstein oder Kiesel. Die Steine dürfen nicht zu groß sein, sodass sie ohne Maschinen zu transportieren und aufzusetzen sind. Sie können behauene oder unbehauene, auch verschieden große Steine aufsetzen. Oftmals ergibt sich die Gelegenheit, behauene Steine aus Abbrüchen zu beschaffen. Auch Kombinationen mit Abbruchsteinen oder mit Holz sind denkbar. Eine Trockenmauer wird ohne Mörtel aufgesetzt.

Damit die Mauer dem Druck des dahinter liegenden Erdreichs standhält, muss der Aufbau einer Trockenmauer sehr sorgfältig nach allen Regeln des Maurerhandwerks geschehen. Gründung und Neigungswinkel müssen stimmen. Die Mauer muss sich nach oben hin verjüngen. Den Bau höherer Trockenmauern (über 1 m Höhe) sollten Sie aus Sicherheitsgründen dem Fachmann überlassen.

MODUL TIERE

	Min.	Max.
Pro Gans bis zu		60 Eier

MODUL OBST

	Min.	Max.
1 Apfel, Halbstamm	20 kg	40 kg
1 Zwetschge, Halbstamm	25 kg	50 kg
2 Birnbäume am Spalier	20 kg	40 kg
2 Pfirsiche am Spalier	10 kg	30 kg
2 Weinstöcke am Spalier	20 kg	40 kg (100 kg)

MODUL BEERENOBST

	Min.	Max.
4 Johannisbeere, Strauch	8 kg	16 kg
4 Stachelbeere, Strauch	6 kg	12 kg
15 Himbeerpflanzen	6 kg	12 kg

MODUL GEWÄCHSHAUS

	Min.	Max.
12 Tomatenpfl., veredelt	36 kg	60 kg
12 Paprikapflanzen	18 kg	30 kg
2 Schlangengurken	8 kg	16 kg

MODUL FELD

	Min.	Max.
10 m^2 Zwiebeln	30 kg	50 kg
10 m^2 Getreide	5 kg	10 kg
10 m^2 Erdbeeren	12 kg	24 kg

Extensivgarten mit Schafen und Bienen

Extensivgarten mit Schafen und Bienen – Gesamtgröße: ca. 25 x 40 m = 1000 m²

1 Modul Bienen
2 Modul Haselnussstrauch
3 Modul Haus mit Treppenabgang
4 Modul Knotengitterzaun, versetzbar
5 Modul Obstbaum (groß)
6 Modul Schafe
7 Modul Schuppen/Stall
8 Modul Spalierobst
9 Modul Wiese
10 Modul Zaun

Abgelegene oder hängige Grundstücke eignen sich oft nicht für gärtnerische oder landwirtschaftliche Kulturen. Extensive Beweidung mit Schafen, speziell mit Haarschafen, ist dann oft die einfachste und kostengünstigste Lösung zur Pflege solchen Geländes. Haarschafe sind Extensivschafrassen, die man nicht scheren muss.

Landschaftspflege mit Haarschafen

Eine solche Haarschafrasse sind die Dorperschafe. Die Schafrasse kam erst um das Jahr 1995 nach Deutschland. Dorper sind eine Kreuzung zwischen englischen Rassen, u.a. dem Dorset Horn, und dem Somali-Schwarzkopf (= Blackheaded Persian) aus afrikanischen Trockenregionen. Dorper werden seit etwa 1930 in der Südafrikanischen Republik gezüchtet und sind heute dort die zweitumfangreichste Rassegruppe. Sie werden zur extensiven Beweidung in Trockengebieten eingesetzt. Mittlerweile gibt es dort und in den USA Züchtervereinigungen. Die Rasse ist vielgestaltig. Reinrassige Dorperschafe haben meist einen kleinen, schwarzen Kopf und sind am restlichen Körper weiß. Es gibt auch Tiere mit weißem Kopf, solche mit geflecktem Körper, fast vollständig schwarze oder dunkelbraune Tiere. Dorper sind hornlos. Sie wachsen schnell und haben eine hohe Reproduktionsrate.

Dorper gehören wie die bekannteren Kamerunschafe zu den sogenannten Haarschafen (im Unterschied zu

Landschaftspflege: Schafe halten den Aufwuchs auf der Streuobstwiese kurz.

Wollschafen). Ihr Haarkleid besteht aus Deckhaaren und wenig Unterwolle. Die Tiere verlieren ihre Haare von selbst. Man muss sie also nicht wie die Wollschafe scheren und spart die Kosten für die Schafschur. Dieser Kostenfaktor schlägt normalerweise in der Schafhaltung zu Buche und macht diese betriebswirtschaftlich gesehen unrentabel.

Alle diese Eigenschaften machen die Dorperschafe zu wertvollen Nutztieren. Kein Wunder, dass auch Schafhalter in Deutschland die Rasse für sich entdeckt haben. Die robusten Dorperschafe fressen auch hartes, überständiges Gras und sind deshalb ideal für die Landschaftspflege. In dieser Weise lassen sich sowohl reinrassige Tieren als auch Kreuzungstiere, zum Beispiel von Milchschafen mit Dorpern, einsetzen. Diese verlieren ihre Haare allerdings nicht von allein.

- **Obst:** Zur Beweidung von Streuobstwiesen sind Dorperschafe oder Kamerunschafe ideal. Der Aufwuchs auf den Wiesen kann so sinnvoll verwertet werden. Rechtzeitig zur Erntezeit sollte der Aufwuchs unter den Bäumen abgeweidet sein, damit das Obst gut aufgelesen werden kann.

Wildstrauch Haselnuss: robustes Schalenobst für kleine und große Gärten.

Das Obst der Streuobstbäume wird auf verschiedene Weise verwertet. Es kann sich um Tafelobst oder um Mostobst handeln. Mostbirnen sind direkt nicht genießbar; sie schmecken viel zu herb. Sie müssen entsaftet und dann eventuell zu Most vergoren werden. Wer entsprechend dafür eingerichtet ist, kann selbst Most zubereiten. Normalerweise liefert man das Obst in Mostereien zum Pressen ab. Den Saft bekommt man gegen einen Presslohn wieder zurück oder verkauft ihn an die Mosterei. Auf dem Land war noch vor Jahrzehnten Apfel- oder Birnenmost von Streuobstbäumen das tägliche Getränk. Deshalb gibt es in vielen Regionen noch die großen, landschaftsprägenden Mostbirnenbäume der Sorten 'Oberösterreichische Weinbirne', 'Schweizer Wasserbirne' oder 'Stuttgarter Geißhirtle'. Heute macht sich allerdings kaum noch jemand die Mühe, das Obst aufzulesen. Oft verfault es unter den Bäumen, allenfalls Schafe oder Rinder, die auf Streuobstwiesen weiden, fressen es.

Bei Beweidung sind kleinwüchsige Obstgehölze fehl am Platz. Die Schafe würden an den Ästen zerren und die Blätter fressen, sodass die Gehölze eingehen. Bei Beweidung müssen junge Obstgehölze immer sicher eingezäunt werden. Allenfalls Hochstammobstbäume können sich behaupten. Dem Haselnussstrauch an der Ecke des Gebäudes und den Spalierbirnen an der Hausfassade können die Schafe allerdings kaum etwas anhaben.

■ **Haselnuss:** Haselnüsse reifen im September. Vollreife Haselnüsse fallen von selbst vom Strauch; in guten Haselnussjahren prasseln die Nüsse bei schönem, trockenem Herbstwetter nur so zu Boden. Sammeln Sie die Nüsse einmal täglich auf und legen Sie diese zum Trocknen auf flachen Horden oder Tabletts aus. Nüsse, die noch eine Hülle tragen, braucht man gar nicht erst aufzulesen. Sie sind nicht brauchbar, entweder weil sie taub oder vom Haselnussbohrer befallen sind. Den Befall erkennt man leicht am stecknadelkopfgroßen Einstichloch, durch das der Schädling seine Eier ins Innere der Nuss abgelegt hat. Dessen Larven fressen die Nuss in der Schale auf.

In guten Haselnussjahren kann man sich aus eigener Ernte einen Wintervorrat an fettreichen Nüssen zulegen. Ein Strauch kann bis zu etwa 6 Kilogramm liefern. Der Ertrag ist jedoch nicht sicher. In manchen Jahren, wenn Fröste die Blüten zerstört haben, hängen nur wenige Nüsse auf dem Strauch. Meine Haselnusssträucher liefern etwa in jedem dritten Jahr eine gute bis sehr gute Ernte.

Haselnusssträucher versorgen uns mit noch mehr Nützlichem: Sie liefern Holz als Brennmaterial und als Baumaterial für leichte Bauten ums Haus herum und im Garten. Lange, gerade Stecken sind gute Stützen für Obstgehölze, für Stauden, Rankgerüste für Stangenbohnen und Feuerbohnen sowie als Zaunpfosten. Am dünneren Reisig ranken Erbsen und andere Leguminosen oder einjährige Kletterpflanzen. Außerdem dient es als Füllmaterial für Hochbeete. Von Haselnussholz kann man also nie genug haben.

■ **Bienen**: Streuobstbau und Imkerei ergänzen sich. Bienen versorgen sich an Obstblüten mit Nektar und Pollen und sorgen ihrerseits für die Befruchtung der Obstgehölze. In der ländlichen Umgebung finden Bienen reichlich Nahrung. Da kann die kleine Imkerei aus etwa zehn Völkern bestehen.

MODUL TIERE

	Min.	Max.
10 Bienenvölker, Honig	100 kg	200 kg

MODUL OBST

	Min.	Max.
3 Hochstammäpfel	0 kg	300 kg
2 Mostbirnen	0 kg	200 kg
3 Spalierbirnen	30 kg	60 kg
1 Haselnussstrauch	0 kg	6 kg

Alles zu seiner Zeit

Jede Jahreszeit hat ihr Gemüse und ihr Obst zum Ernten und Genießen. Erdbeeren zu Weihnachten gibt es im Selbstversorgergarten nicht. Aber dafür Möhren, Rettiche und Rote Bete aus dem Lagerkeller und Grünkohl, Rosenkohl und Feldsalat frisch vom Beet.

Arbeitskalender für Mini-Farming

Mit dem richtigen Timing für Aussaat, Pflanzen und Ernten gelingt die (Teil-)Selbstversorgung von der Mini-Farm übers ganze Jahr.

Januar

- Notieren Sie in einem Gartentagebuch regelmäßig Sätermine, Pflanztermine, besondere Wetterereignisse, Niederschlagsmengen usw. So entsteht im Laufe der Jahre Ihr persönliches Kompendium, in dem Sie von Zeit zu Zeit nachschlagen können, um die Aufzeichnungen der verschiedenen Jahre zu vergleichen.
- Sortieren Sie Saatgut und bestellen Sie Gemüsesämereien. Das Saatgut von vielen Gemüsearten kann man einige Jahre lang kühl, trocken und dunkel lagern. Fruchtgemüse wie Tomaten oder Paprika behalten ihre Keimfähigkeit sechs Jahre und länger, bei Möhren, Zwiebeln und Lauch bleibt sie nur zwei bis drei Jahre lang erhalten. Saatgut von Salat, Schwarzwurzeln und Pastinaken sollten Sie schnell aufbrauchen.
- Ernten Sie frisch aus dem Garten die winterharten Gemüse Feldsalat, Lauch/Porree, Grünkohl, Rosenkohl, Topinambur und Pastinake.
- Organische Abfälle – Putzabfälle von Gemüse, Teebeutel, Kaffeesatz – kompostieren. Legen Sie zerknülltes Zeitungspapier zum Aufsaugen überschüssiger Feuchtigkeit hinzu. Den Kompostbehälter zum Schutz vor zu viel Regen und Schnee abdecken.
- Kontrollieren Sie Ihre Obstvorräte im Keller. Lesen Sie Fauliges aus und lüften Sie an milden Tagen.
- Beginnen Sie an milden Wintertagen mit dem Obstbaumschnitt.

Februar

- Schneiden Sie bei der Grünkohlernte nur die Blätter ab und lassen Sie den Strunk stehen. Dann treiben aus den Blattachseln junge, zarte Blätter nach. Die schmecken gut roh und lassen sich in Salate mischen.
- Säen Sie in milden Klimalagen Mitte bis Ende des Monats im Frühbeet oder Kleingewächshaus Schnittsalat, Spinat und frühe Radieschen sowie Möhren. Frühe Freilandaussaaten von Acker- bzw. Pferdebohnen sind jetzt ebenfalls möglich.
- Für Zimmeraussaaten von Tomaten, Paprika und anderem Gemüse Saatgut und keimfreie Aussaaterde bereithalten.
- Legen Sie in der zweiten Monatshälfte Frühkartoffeln zum Vorkeimen in Kistchen. Die Augen müssen nach oben weisen. Stellen Sie sie hell und trocken bei 12 bis 15 °C auf.
- Jetzt ist Zeit, um die Triebspitzen der Stachelbeeren zurückzuschneiden. Hier überwintert der Amerikanische Stachelbeermehltau. Bei der Gelegenheit sollten Sie die Sträucher gut auslichten.
- Johannisbeeren an frostfreien Tagen ebenfalls auslichten. Am besten ist es, die ältesten Äste unten am Strauch über einem jungen, kräftigen Trieb abzuschneiden.

März

- Stellen Sie den Regenmesser auf. Er muss gerade stehen und darf nicht im Windschatten von Gehölzen oder vom Haus platziert werden!
- Bereiten Sie Ihre Beete erst vor, wenn die Oberfläche abgetrocknet ist, sonst wird der Boden beim Betreten verfestigt. Mit dem Rechen bzw. der Harke einebnen. Grobe Brocken, Pflanzenreste, Steine von der Beetfläche ablesen oder abrechen. Ein Gartenwiesel macht den Boden krümelig.
- Die allerfrühesten Gemüse (Spinat, Rucola, Radieschen) sollten Sie erst säen, wenn der Boden 5 bis 6 °C warm ist. Dem phänologischen Kalender zufolge ist der

erste Sätermin, wenn sich die männlichen Blütenstände der Salweide öffnen. Durch Auflegen von Vlies oder Folie vor der Saat lässt sich die Bodentemperatur um einige Grad erhöhen.

- Säen Sie Möhren, die sehr langsam keimen, zusammen mit Radieschen in die Reihe. Die schnell keimenden Radieschen markieren die Saatreihe, sodass der Boden neben der Möhrenreihe frühzeitig gelockert werden kann, ohne an den Keimlingen Schaden anzurichten.
- Bis Mitte des Monats können Sie im Haus Tomaten, Paprika und Auberginen in Töpfchen aussäen. Bis zur Keimung warm bei ca. 20 °C stellen, danach etwas kühler.
- Stellen Sie robuste Kübelpflanzen wie Lorbeer oder Rosmarin in milden Klimalagen ins Freie.

April

- Im Lauf des April können Sie direkt auf die Beete säen: Spinat, Salate, Rettich und Radieschen, Möhre, Pastinake, Petersilienwurzel, Schwarzwurzel, Kohlrabi, Mangold, Lauch/Porree, Erbsen und Zuckererbsen; Ende des Monats können in milden Gegenden Feuerbohnen gelegt werden.
- Ende April können im Haus zum späteren Auspflanzen vorkultiviert werden: Gurken, Kürbisse, Zucchini, auch Stangenbohnen.
- Überdecken Sie zum Schutz vor Gemüsefliegen Beete von gefährdeten Kulturen (Möhren, Zwiebeln, Lauch, Kohlrabi, Rettich) mit Vlies oder Kulturschutznetz.
- Stellen Sie selbst gezogene Jungpflanzen vor dem Auspflanzen zum Abhärten ins Freie. Abhärten und Auspflanzen nur an warmen, windstillen, bedeckten Tagen; an sonnigen, windigen Tagen ist es nicht günstig.
- Jetzt ist es Zeit, um beim Rhabarber Blütenstiele auszubrechen. Bei der Ernte die Rhabarberstiele unten anfassen, leicht hin und her drehen und mit kurzem Ruck abziehen. Die Stiele nicht abbrechen oder abschneiden.
- Pflanzen Sie Erdbeeren und Monatserdbeeren mit Topfballen. Im April ist auch eine günstige Pflanzzeit für Strauchbeerenobst.

Mai

- Die Tage der Eisheiligen vom 12. bis 15. Mai teilen den Monat Mai in zwei Hälften – für Gärtner sind sie der entscheidende Wendepunkt im Jahr. Erst nach den Eisheiligen dürfen frostempfindliche Kräuter und Gemüse (Tomaten, Paprika, Gurken, Zucchini, Kürbis) ins Freiland gesät oder gepflanzt werden.
- Nach den Eisheiligen Buschbohnen und Stangenbohnen ins Freiland säen – entweder in Reihen oder horstweise. Legen Sie die dicken Bohnenkerne vor dem Säen etwa einen halben Tag lang in Wasser.
- Kohl tief pflanzen und anhäufeln; so werden die Pflanzen standfester und sind besser geschützt vor Schädlingsbefall.
- Graben Sie für Tomaten ein möglichst tiefes Pflanzloch aus. Möglichst an einem bedeckten, windstillen Tag pflanzen; sonst verbrennen die zarten Blätter oder werden vom Wind zerzaust. Den Stab gleich dazusetzen. Die Achseltriebe laufend ausgeizen (mit den Fingern ausknipsen).
- Bei Erdbeeren, Himbeeren und anderen Beerenobstarten mit Stroh mulchen.
- Achten Sie bei Obstbäumen jetzt verstärkt auf Schädlings- und Krankheitsbefall: Triebe, die von Mehltau oder von Blattläusen befallen sind, einfach abschneiden und vernichten. An Apfelbäumen Fanggürtel aus Wellpappe anlegen, um die Larven des Apfelwicklers abzufangen. In Kirschbäumen gelbe Kirschfliegenfallen aufhängen.

Juni

- Jetzt ernten: Salate, Kohlrabi, Radieschen, Rettiche, Zuckererbsen, Buschbohnen, Frühkartoffeln.
- Mulchen Sie bei Trockenheit den Boden im Gemüsegarten mit Rasenschnitt, Abfällen von der Gemüseernte, Brennnessel- oder Comfreyblättern.
- Kräuterjauchen ansetzen. Für Brennnessel- oder Comfreyjauche etwa 1 Kilogramm frische Blattmasse mit etwa 10 Liter Wasser übergießen. Je nach Temperatur ist die vergorene Jauche nach etwa zwei Wochen

fertig. Die Jauche 1:10 verdünnen und direkt auf den Boden gießen, nie auf Blätter. Guter Sommerdünger für stark zehrende Pflanzen wie Tomaten.

■ Kohlgemüse anhäufeln, um der Kohlfliege die Eiablage am Wurzelhals zu erschweren.

■ Jetzt Lindenblüten und Holunderblüten ernten und trocknen. Im Winter als Teeaufguss zubereitet, sind sie ein gutes Mittel bei fiebriger Erkältung.

■ Bestücken Sie Töpfe und Kästen auf Terrasse und Balkon mit Kräuterpflanzen. Die ein- und zweijährigen Würzkräuter Basilikum, Dill und Petersilie gedeihen gut in Pflanzgefäßen. Ebenso die ausdauernden Minzen und Zitronenmelisse.

Juli

■ Sie können auf Gemüsebeeten, die jetzt frei werden, Nachkulturen (frühe Sorten) säen: Salat, Radieschen, Rettich, Möhren, Buschbohnen. Jetzt verpflanzen: Kohlrabi, Grünkohl, Lauch/Porree, Endivie, Zuckerhut, Chinakohl, Kopfsalat, Gemüsefenchel.

■ Lassen Sie Zwiebeln abreifen. Das Laub nicht umtreten! Die Zwiebeln bleiben so besser lagerfähig.

■ Tomaten vor der Kraut- und Braunfäule schützen: Benetzen Sie beim Gießen die Blätter nicht und entfernen Sie vorbeugend die unteren Blätter. Die Mulchschicht um die Tomatenpflanzen erneuern. Gurken ebenfalls mulchen und ebenso vorsichtig in den Wurzelraum gießen.

■ Frei werdende Beete mit Gründüngung einsäen, mit Phazelie, Buchweizen, Gelbsenf oder Ölrettich.

■ Legen Sie sich jetzt Teekräuter für den Wintervorrat an: Pfefferminze (Kraut bis zur beginnenden Blüte), Gartensalbei (Blätter vor der Blüte), Thymian (blühende Triebe), Ysop (blühendes Kraut), Lavendel (Blüten und Blätter) und Dost (blühendes Kraut) können jetzt geerntet und getrocknet werden.

■ Petersilie, Gewürzfenchel und andere Doldenblütler locken nützliche Schwebfliegen an.

■ Bei Erdbeeren Ableger machen: Am besten leiten Sie die jungen Pflänzchen gleich in Töpfe und trennen sie später ab.

August

■ Feldsalat, Spinat und Winterportulak für die Ernte im Spätherbst und Winter aussäen. Im August gesäte Petersilie geht, anders als die Frühjahrsaussaaten, meist problemlos auf. Knoblauch stecken, am besten in Mischkultur mit Erdbeeren.

■ Brokkoli und andere Kohlgemüse brauchen jetzt viel Wasser. Zusätzlich zum Gießen sorgt eine Mulchdecke für einen ausgeglichenen Feuchtigkeitshaushalt.

■ Tomatenstöcke auf Kraut- und Braunfäulebefall hin kontrollieren und befallene Blätter abbrechen. Schützen Sie sie, wenn möglich, mit einem Schutzdach vor Regen.

■ Sammelzeit für Teekräuter: Johanniskraut (blühendes Kraut), Schafgarbe (blühendes Kraut), Pfefferminze (Blatttriebe bis zur Blüte), Ringelblume (ganze Blüte), Gewürzfenchel (Körner).

■ Schneiden Sie abgetragene Himbeerruten sofort nach der Ernte über dem Boden ab. Kräftige, frische Triebe belassen. Johannisbeeren und Stachelbeeren nach der Ernte kräftig auslichten. Bei Brombeeren die Seitentriebe bis auf zwei Augen zurückschneiden. Alle überzähligen Ranken entfernen. Bei Weinstöcken die Triebe bis auf zwei Blätter über den ersten Traubenansätzen zurückschneiden.

■ Erdbeeren möglichst früh im August pflanzen. Dabei auf die richtige Pflanztiefe achten: nicht zu hoch und nicht zu tief – bis zum Blattstielansatz in die Erde bringen.

September

■ Gemüseanbauer sehen die Schadschmetterlinge Kohlweißling und Kohleule gar nicht gern: Diese legen ihre Eier an Kohlpflanzen ab; die daraus schlüpfenden Raupen fressen an den Blättern. Bei kleinen Kohlbeständen genügt es, Eigelege und Raupen mit den Fingern zu zerdrücken oder abzustreifen. Zur Bekämpfung in größeren Beständen stehen biologische Präparate zur Verfügung.

■ Die Blätter vom Sellerie lassen sich in der Küche gut nutzen – frisch oder getrocknet als Wintervorrat für Suppen.

- Küchenkräuter für den Wintervorrat ernten und trocknen oder einfrieren. Eine gute Suppenwürze ergeben Liebstöckel, Petersilie, Schnittlauch und Dill.
- Beete sollen grün in den Winter gehen. Für Aussaaten Anfang September eignen sich noch die Gründüngungspflanzen Gelbsenf, Feldsalat und Spinat.
- Der September ist ein günstiger Monat zum Verpflanzen oder Teilen von Rhabarber. Eine kräftige Kompostgabe tut dem Starkzehrer gut.
- Stellen Sie aus den vollreifen Früchten der Kornelkirsche eine delikate Konfitüre her. Der Wildstrauch macht sich gut in Hecken, sieht aber auch als einzelner Strauch oder als Kugelbäumchen in Form geschnitten gut aus.
- Haselnüsse und Walnüsse reifen jetzt. Lesen Sie die Nüsse mindestens einmal täglich auf und legen Sie sie luftig zum guten Trocknen aus. Vor allem Walnüsse häufig bewegen, sodass sie nicht anfangen zu schimmeln.

Oktober

- Möhren, Pastinaken, Rote Bete, Winter-Rettiche und Wurzelpetersilie wachsen im Oktober noch kräftig. Lassen Sie sie deshalb lange auf dem Beet stehen.
- Nach der Gemüseernte den Boden lockern. Auf leichten Böden genügt es, mit der Grabegabel einzustechen und hin und her zu rütteln. Schwere und verunkrautete Böden besser umgraben. Halb verrotteten Kompost oder Mist können Sie bei der Gelegenheit oberflächlich einarbeiten (nicht untergraben).
- Bei der Bodenbearbeitung auf Schneckengelege der Spanischen Wegschnecke achten und diese entfernen.
- Fertigen Kompost geschützt vor Regen unter Dach aufbewahren.
- Äpfel möglichst lange am Baum hängen lassen, bis sich der Stiel leicht vom Ast löst. Ideal zum Aufbewahren von Äpfeln sind kühle, feuchte Kellerräume (optimal: 2 bis 5 °C, 90 % relative Luftfeuchtigkeit). Die Früchte auf Holzstellagen oder in Kisten übersichtlich nebeneinander auslegen. Das ermöglicht die schnelle Kontrolle auf faulige Exemplare. Lagern Sie Äpfel nicht zusammen mit Kartoffeln!

November

- Wohin mit dem Laub? Das Laub der Obstgehölze und der meisten Laubbäume lässt sich gut kompostieren. Schwer verrottbar ist dagegen Eichen- und Walnusslaub. Das Laub in kleinen Mengen zum normalen Hauskompost geben. Schichten Sie größere Mengen besser separat auf und mulchen Sie eventuell Baumscheiben damit. Laub und Astmaterial sind auch ein gutes Füllmaterial für Hügelbeete oder Hochbeete.
- Zuckerhut verträgt Frost bis etwa minus 4 °C. Vor Frostnächten mit Vlies oder Tüchern abdecken, dann hält er sich noch bis lange nach Weihnachten.
- Das Knollengemüse Topinambur überwintert im Freien an Ort und Stelle. Ausgegraben schrumpeln die Knollengebilde sofort.
- Die Kräuterhalbsträucher Lavendel und Gartensalbei jetzt nicht zurückschneiden, sondern erst im Frühjahr.
- Die richtige Pflanzzeit für Obstgehölze ist nach dem Laubfall im Herbst. Ausnahme sind wärmeliebende Arten wie Pfirsich, Aprikose, Quitte und Walnuss, die Sie besser im Frühjahr pflanzen.

Dezember

- Stellen Sie vor der Frostperiode Wasserhähne ab und leeren Sie Wasserbehälter.
- Im Dezember gibt der Gemüsegarten außer Zuckerhut, Lauch, Feldsalat, Grünkohl, Rosenkohl und Topinambur nicht mehr so viel her. Stattdessen werden jetzt die Wildgemüse interessant. Ernten Sie die Blätter bzw. Blattrosetten von Löwenzahn, Hirtentäschel, Schaumkraut, Gänseblümchen und Wegerichen, außerdem die Vogelmiere als Beigabe zu Salaten.
- In Wildstrauchhecken stehen vitaminreiche Hagebutten, Sanddorn und Schlehen zur Ernte bereit.
- Bepflanzte Töpfe an einen schattigen Platz stellen, sodass sie nicht wechselnder Sonneneinstrahlung ausgesetzt sind. Eine Umhüllung der Töpfe mit Noppenfolie, Jute oder anderen Materialien sorgt dafür, dass die Wurzelballen nicht durchfrieren.

Stichwortverzeichnis

Adressen, die Ihnen weiterhelfen

Gartenausstattung, Gartengeräte

Gartenbedarf-Versand
Richard Ward
Günztalstr. 22
87733 Markt Rettenbach
Tel.: 0 83 92/16 46
www.gartenbedarf-versand.de

Ing. G. Beckmann KG
Simoniusstr. 10
88239 Wangen/Allgäu
Tel.: 075 22/9 74 50
www.beckmann-kg.de
(Gewächshäuser, Frühbeete)

Gardena
89070 Ulm
Tel.: 07 31/49 01 23
www.gardena.de

Düngung und Pflanzenschutz

W. Neudorff GmbH KG
Postfach 1209
31857 Emmerthal
Tel.: 0 51 55/62 40
www.neudorff.de

Oscorna-Dünger
GmbH & Co. KG
Postfach 4267
89032 Ulm
Tel.: 07 31/94 66 40
www.oscorna.de

Wolfgang Nixdorf
Aschhausenstr. 77
97922 Lauda
Tel.: 0 93 43/34 65
www.garten-wn.de

Bezugsquellen für Pflanzen bzw. Saatgut (Gemüse, Kräuter, Obst)

Rühlemann's
Kräuter & Duftpflanzen
Auf dem Berg 2
27367 Horstedt
www.ruehlemanns.de
www.kraeuter-und-duftpflanzen.de

Bioland Hof Jeebel
Jeebel 17, 29410 Salzwedel
Tel.: 03 90 37/781
www.biogartenversand.de
(Saatgut und Pflanzen)

Ellenbergs Kartoffelvielfalt
Ebstorfer Str. 1, 29576 Barum
Tel.: 0 58 06/304
www.kartoffelvielfalt.de

Dreschflegel
In der Aue 31
37213 Witzenhausen
www.dreschflegel-saatgut.de

Gärtner Pötschke
41561 Kaarst
Tel.: 0 18 05/86 11 00
www.gaertner-poetschke.de

Bruno Nebelung GmbH
(Kiepenkerl-Saatgut)
48351 Everswinkel
Tel.: 0 25 82/67 00
www.kiepenkerl.com
www. nebelung.de

Sperling GmbH
Freckenhorster Str. 32
48351 Everswinkel
Tel.: 0 25 82/67 09 00
www.sperli.de

Bio-Saatgut Gaby Krautkrämer
Eulengasse 2
55288 Armsheim
Tel.: 0 67 34/91 55 80
www.bio-saatgut.de

Bingenheimer Saatgut AG
Ökologische Saaten
Kronstr. 24
61209 Echzell-Bingenheim
www.bingenheimersaatgut.de

Baldur-Gartenversand
Elbingerstr. 12
64625 Bensheim
Tel.: 0 18 05/10 35-11
www.baldur-garten.de

Reinhold Hummel
GmbH + Co. KG
Erdbeerzüchtung
Köstlinstr. 121
70499 Stuttgart
Tel.: 07 11/86 00 83 12
www.hummel-erdbeeren.de

HILD Samen Gmbh
Kirchenweinbergstr. 115
71672 Marbach am Neckar
Tel.: 0 71 44/84 73 11
www.hildsamen.de

Syringa,
Duft- und Würzkräuter
Bernd Dittrich
Bachstr. 7
78247 Hilzingen-Binningen
Tel.: 0 77 39/14 52
www.syringa-pflanzen.de

Baumschule
Klaus Ganter KG
Baumstr. 2
79369 Wyhl
Tel.: 0 76 42/10 61
www.obstbau.de

Erdbeerpflanzen Bruno
Vöhringer
Nelkenstr. 21
88094
Oberteuringen-Hefigkofen
Tel.: 0 75 46/9 29 10
www.voehringer-gbr.de

Staudengärtnerei Gaissmayer
Jungviehweide 3
D-89257 Illertissen
Tel.: 0 73 03/72 58
www.staudengaissmayer.de

Baumschule Hofmann
Hauptstr. 36
91094 Langensendelbach
Tel.: 0 91 33/46 87
www.baumschule-hofmann.de

Raritätengärtnerei Treml
Eckerstr. 32
93471 Arnbruck
Tel.: 0 99 45/90 51 00
www.pflanzen-treml.de

N. L. Chrestensen
Erfurter Samen- und
Pflanzenzucht GmbH
Witterdaer Weg 6
99092 Erfurt
Tel.: 03 61/2 24 50
www.gartenversandhaus.de

Österreich

ReinSaat
A-3572 St. Leonhard 69
Tel.: +43 (0)29 87/23 47
www.reinsaat.at

Schweiz

Wyss Samen und
Pflanzen AG
Schachenweg 14 c
CH-4528 Zuchwil-Solothurn
Tel.: +41 (0)32/6 86 68 68
www.samen.ch

Samen Mauser AG
Industriestr. 24
Postfach
CH-8404 Winterthur
Tel.: +41 (0)52/2 34 25 25
www.samen-mauser.ch

Häberli
Fruchtpflanzen AG
Stocken
CH-9315 Neukirch-Egnach
Tel.: +41 (0)71/47 47 08 10
www.haeberli-beeren.ch

Lubera AG
Lagerstr.
CH-9470 Buchs
Tel.: +41 (0)81/7 40 58 33
www.lubera.com

Tierhaltung

Imkereibedarf
Heinrich Holtermann KG
Scheeßeler Str. 12
27386 Brockel
Tel.: 0 42 66/9 30 40
www.holtermann-shop.de

Hasenstallbau
VBL Langhagel
Am Bahnhof 3
29690 Lindwedel
Tel.: 0 50 73/92 34 41
www.hasenstall-bau.de

HühnerHausMobil
Dipl.-Ing. agr. Ralf Müller
Waldquellenweg 42
33649 Bielefeld
Tel.: 05 21/9 45 71 40
www.huehnerhaus-mobil.de

Über die Autorin

Dr. rer. agr. Brunhilde Bross-Burkhardt arbeitet seit über drei Jahrzehnten als Fachjournalistin und Buchautorin mit den Schwerpunkten Gartenbau und Botanik. Sie war Chefredakteurin der ersten deutschen Biogartenzeitschrift »Gartenland« und war bei einem landwirtschaftlichen Wochenblatt viele Jahre lang verantwortliche Redakteurin für die Rubriken Pflanzenbau, Garten und Hobbytierhaltung. Ihr praxisorientiertes Wissen gibt sie in Vorträgen und Kursen weiter. Neben unzähligen Artikeln in landwirtschaftlichen und gärtnerischen Fachzeitschriften hat sie über dreißig Bücher über Nutz- und Zierpflanzen sowie über garten- und kulturgeschichtliche Themen veröffentlicht. Sie ist Kuratoriumsmitglied der Gärtnerhofstiftung.

Weitere Informationen unter www.bross-burkhardt.de

Impressum

Bibliografische Information der Deutschen Nationalbibliothek

Die Deutsche Nationalbibliothek verzeichnet diese Publikation in der Deutschen Nationalbibliografie; detaillierte bibliografische Daten sind im Internet über http://dnb.d-nb.de abrufbar.

BLV Buchverlag GmbH & Co. KG

80797 München

Hinweis

Das vorliegende Buch wurde sorgfältig erarbeitet. Dennoch erfolgen alle Angaben ohne Gewähr. Weder Autorin noch Verlag können für eventuelle Nachteile oder Schäden, die aus den im Buch vorgestellten Informationen resultieren, eine Haftung übernehmen.

www.facebook.com/blvVerlag

Bildnachweis

Andrea Wilhelm – shutterstock: 80; Aubord Dulac – shutterstock: 47; Axel Gutjahr – Fotolia: 30; Baumjohann: 13; Bildagentur Zoonar GmbH – shutterstock: 108; Bross-Burkhardt: 21r, 29, 67, 115; Christian Jung – Fotolia: 95; Debu55y – shutterstock: 1, 83; Fauna Press/The Garden Collection/Neil Sutherland: 60; Fir4ik – shutterstock: 23; Flora Press/BIOS-PHOTO/Gilles Le Scanff & Joëlle-Caroline Mayer: 36; Flora Press/Daniela Kunze: 99; Flora Press/gartenfoto.at: 34/35, 97; Flora Press/GWI: 6; Flora Press/MAP: 109; Flora Press/Nova Photo Graphik: 59; Flora Press/Otmar Diez: 71; Flora Press/Royal Horticultural Society: 14, 79; Flora Press/The Garden Collection/Derek Harris: 4l, 8/9; Flora Press/The Garden Collection/Jane Sebire: 39; Flora Press/The Garden Collection/John Glover: 84; Flora Press/The Garden Collection/Liz Eddison: 45; Flora Press/The Garden Collection/Nicola Stocken Tomkins: 37; fotoknips – shutterstock: 5l, 91; Fotokostic – shutterstock: 75; GBA/Staffler: 72; gennady – shutterstock: 44; Igor Normann - shutterstock: 104; JayJay – Fotolia: 88; Mauritius Images / Alamy: 2/3, 63, 64, 118/119; mauritius images / Bernd Römmelt: 112; mauritius images/imageBROKER / Günter Lenz: 93; mauritius images/imageBROKER/Reinhard Hölzl: 5r, 103; Mexrix – Fotolia: 4r, 21l; Mr. Green – shutterstock: 31; Naffarts – shutterstock: 10; Nina Petrova – Fotolia: 87; Nneirda – shutterstock: 49; Pavelk – shutterstock: 111; Phimak – Fotolia: 57; Reinhard: 25, 53, 116; Stephen Rees – shutterstock: 69; Strauß: 11; Timmermann: 27; Tomo Jesenicnik – shutterstock: 33; Vlad Siaber – shutterstock: 77; Wolfgang Eichentopf – shutterstock: 100; www.beckmann-kg.de: 52; yoshi0511 – shutterstock: 40

Grafiken: Sylvia Bespaluk, Entwürfe: Brunhilde Bross-Burkhardt

Umschlagfotos: Flora-Press/Edition Phönix-Jutta Schneider, Michael Will (Titelbild); Sylvia Bespaluk (Rückseite)

Lektorat: Annely Tiedemann
Herstellung: Angelika Tröger
Satz und Layout: Anton Walter, Gundelfingen

Gedruckt auf chlorfrei gebleichtem Papier

Printed in Slovakia

ISBN 978-3-8354-1380-1